农作物育种态势研究丛书

Research on Global Rice Molecular Breeding Situation and Industrialization

全球水稻分子育种态势及产业化分析研究

何 微 王晓梅 林 巧 杨小薇 吾际舟 孔令博◎著

电子工业出版社
Publishing House of Electronics Industry
北京·BEIJING

内 容 简 介

本书以德温特创新索引（Derwent Innovation Index，DII）数据库、Web of Science核心合集数据库、经济合作与发展组织、国家统计局为数据源，全面收集了全球涉及水稻分子育种的相关专利、论文及产业化数据，系统分析了水稻分子育种领域专利的申请特征和论文的发展态势，比较分析了水稻分子育种领域专利申请和科学研究的焦点及技术发展路线，深入阐述了水稻分子育种关键技术的演变规律，对水稻分子育种领域新兴技术和产业化趋势进行了分析与预测，并对新冠肺炎疫情影响下全球，特别是中国的粮食保障策略进行了分析研究与建议。

本书无论对水稻领域的专业科研工作者，或对相关从业人员，甚至对涉农相关行业人员，都具有较高的学习与参考价值。本书对未来水稻遗传育种、水稻基础研究及水稻产业发展的方向具有重要的指导意义。

本书适合政府科技管理部门、科研机构管理者及相关学科领域的研究人员阅读参考。

未经许可，不得以任何方式复制或抄袭本书之部分或全部内容。
版权所有，侵权必究。

图书在版编目（CIP）数据

全球水稻分子育种态势及产业化分析研究 / 何微等著. —北京：电子工业出版社，2022.1
（农作物育种态势研究丛书）
ISBN 978-7-121-41985-0

Ⅰ.①全… Ⅱ.①何… Ⅲ.①水稻–遗传育种–专利–研究–世界 Ⅳ.①S511.032-18

中国版本图书馆CIP数据核字（2021）第186405号

责任编辑：徐蔷薇
印　　刷：天津画中画印刷有限公司
装　　订：天津画中画印刷有限公司
出版发行：电子工业出版社
　　　　　北京市海淀区万寿路173信箱　邮编：100036
开　　本：720×1000　1/16　印张：9　字数：144千字
版　　次：2022年1月第1版
印　　次：2022年1月第1次印刷
定　　价：118.00元

凡所购买电子工业出版社图书有缺损问题，请向购买书店调换。若书店售缺，请与本社发行部联系，联系及邮购电话：（010）88254888，88258888。
质量投诉请发邮件至 zlts@phei.com.cn，盗版侵权举报请发邮件至 dbqq@phei.com.cn。
本书咨询联系方式：xuqw@phei.com.cn。

前　言

水稻是人类重要的粮食作物之一，其耕种与食用的历史都相当悠久，全世界有一半的人口食用稻米，这些人口主要分布在亚洲、欧洲南部和热带美洲及非洲部分地区。水稻的种植技术包括稻田和插秧，最早是由我国发明的，我国古籍宋史《食货志》就曾经记载："遣使就福建取占城稻三万斛，分给三路为种，择民田之高仰者莳之，盖旱稻也。"我国是世界上水稻栽培历史最悠久的国家，据浙江余姚河姆渡发掘考证，早在六七千年以前这里就已种植水稻。如今，水稻是亚洲热带广泛种植的重要谷物，我国南方为主要产稻区，北方各省均有栽种。

水稻分子育种技术是在多层次水平上研究水稻所有成分的网络互作行为和在生长发育过程中对环境反应的动力学行为。首先使用各种"组学"数据，在计算机平台上对水稻的生长、发育和对外界反应行为进行预测；其次根据具体育种目标，构建品种设计的蓝图；最后结合育种实践培育符合设计要求的水稻新品种。我国的水稻育种经历了矮化育种、杂种优势利用和绿色超级稻培育3次飞跃，其间伴随矮化育种（第一次绿色革命）、三系杂交稻培育、二系杂交稻培育、亚种间杂种优势利用、理想株型育种和绿色超级稻培育6个重要历程，育种目标从仅注重产量到高抗、优质和高产并重，育种理念从高产优质逐步提升为"少投入，多产出，保护环境"。目前，我国的水稻育种技术正迈向设计育种的新时代，但大多数育种工作仍然建立在表型选择和育种家的经验之上，育种效率低下；另外，生物信息数据库积累的数据量极其庞大，由于缺乏必要的数据整合技术，可供育种工作者利用的信息非常有限。

科技文献主要包括学术论文和专利等包含大量科技信息的数据资料，一直是科研机构、企业甚至是国家机关重点关注的对象。《全球水稻分子育种态势及产业化分析研究》一书汇集了水稻育种领域的专利与论文文献信息，从多角度全面、深入地揭示了水稻分子育种领域的全球技术布局，客观地展示了学科和产业整体发展态势，一方面展示了世界水稻产业的发展动态和发展规律，另一方面挖掘了水稻分子育种领域国内外主要产业主题和竞争性技术，揭示了我国在该领域的技术空白点。此外，本书还就新冠肺炎疫情背景下全球粮食的供需状况进行了深入分析，并且提出了我国粮食保障的发展建议。本书对从事水稻遗传育种工作的科研、产业和管理等人员具有重要参考价值，将为我国集中资源攻关、加速水稻科技创新、提升核心竞争力提供强有力的科技信息支撑。

目 录

第 1 章　研究概况 / 1

　1.1　研究背景 / 1

　　　1.1.1　水稻产业在中国经济发展中的重要地位 / 2

　　　1.1.2　水稻育种在水稻产业中的基础性作用 / 7

　　　1.1.3　全球水稻育种研究进展 / 8

　　　1.1.4　中国水稻育种研究进展 / 11

　1.2　研究目的与意义 / 15

　　　1.2.1　文献分析在农业领域的作用 / 15

　　　1.2.2　中国水稻育种研究存在的问题 / 16

　　　1.2.3　本书的意义 / 17

　1.3　技术分解 / 18

　1.4　相关说明 / 20

　　　1.4.1　数据来源 / 20

　　　1.4.2　分析工具 / 20

　　　1.4.3　术语解释 / 21

　　　1.4.4　其他说明 / 23

第 2 章　全球水稻产业化现状及趋势 / 25

　2.1　全球水稻产业化进程和供需现状 / 25

2.1.1　全球水稻产业化进程 / 25

2.1.2　全球水稻供需概况及主要产需国分布 / 26

2.2　全球水稻贸易现状 / 30

2.2.1　全球水稻贸易规模 / 30

2.2.2　全球水稻主要进口国/地区分布 / 31

2.2.3　全球水稻主要出口国分布 / 31

2.2.4　全球水稻产业趋势预测 / 32

2.3　中国水稻供需及贸易现状 / 34

2.3.1　中国水稻生产规模及供需现状 / 34

2.3.2　中国水稻国际贸易现状 / 35

2.3.3　中国水稻产业趋势预测 / 37

第 3 章　水稻分子育种全球专利态势分析 / 39

3.1　专利申请趋势 / 39

3.2　全球专利地域分析 / 41

3.2.1　全球专利来源国家/地区分析 / 41

3.2.2　全球专利受理国家/地区分析 / 43

3.2.3　全球专利技术流向 / 44

3.2.4　主要国家/地区专利质量对比 / 45

3.3　全球专利技术和应用分析 / 46

3.3.1　全球专利技术分布 / 46

3.3.2　全球专利技术主题聚类 / 50

3.3.3　全球专利应用分布 / 50

3.4　主要产业主体分析 / 56

目录

    3.4.1 主要产业主体的专利申请趋势 / 59

    3.4.2 主要产业主体的专利布局 / 61

    3.4.3 主要产业主体的专利技术分析 / 63

  3.5 高质量专利态势分析 / 64

    3.5.1 全球高质量专利申请趋势 / 64

    3.5.2 高质量专利国家/地区分布 / 65

    3.5.3 高质量专利主要产业主体分析 / 66

    3.5.4 高质量专利主要技术分布 / 68

  3.6 专利新兴技术预测 / 69

    3.6.1 方法论 / 69

    3.6.2 新兴技术遴选 / 69

    3.6.3 新兴技术来源国家/地区分布 / 70

    3.6.4 新兴技术主要产业主体分析 / 71

第4章 水稻分子育种全球主要产业主体竞争力分析 / 73

  4.1 主要产业主体专利数量及趋势对比分析 / 73

  4.2 主要产业主体优势技术和应用领域 / 75

  4.3 主要产业主体的授权与保护对比分析 / 77

  4.4 主要产业主体的专利运营情况对比分析 / 79

  4.5 主要产业主体专利质量对比分析 / 80

  4.6 典型产业主体专利核心技术发展路线剖析 / 81

第5章 水稻分子育种全球论文态势分析 / 91

  5.1 全球论文产出趋势 / 91

  5.2 主要国家/地区分析 / 92

5.3 主要机构分析 / 95

5.4 技术功效分析 / 99

5.5 高质量论文分析 / 103

    5.5.1 高质量论文来源国家分布 / 103

    5.5.2 高质量论文机构分布 / 104

    5.5.3 高质量论文研究热点分析 / 105

5.6 水稻基因编辑技术论文分析 / 107

    5.6.1 研究背景 / 107

    5.6.2 论文产出分析 / 108

    5.6.3 主要发文国家/地区分析 / 109

    5.6.4 主要机构分析 / 112

    5.6.5 学科类型及期刊分析 / 116

第6章 新冠肺炎疫情下全球粮食保障应对策略分析 / 117

6.1 全球粮食状况 / 118

    6.1.1 全球粮食产量稳定但供需错配 / 118

    6.1.2 2019年中国粮食供求总体基本平衡 / 119

6.2 新冠肺炎疫情对2020年全球粮食供应的影响 / 120

    6.2.1 新冠肺炎疫情下全球主要国家粮食供应和流通情况 / 120

    6.2.2 新冠肺炎疫情下中国的粮食供应情况 / 122

6.3 新冠肺炎疫情下各国的粮食保障举措 / 123

    6.3.1 增加财政和政策支持，保障粮食生产充足 / 123

    6.3.2 增加库存和物流通道，保证粮食供应正常 / 124

6.3.3 通过限制出口和降低进口关税等措施确保粮食市场的稳定 / 124

6.4 新冠肺炎疫情背景下的中国粮食安全保障策略与建议 / 125

6.4.1 破解供应瓶颈，稳定粮食生产 / 125

6.4.2 加强调控力度，稳定粮食价格 / 126

6.4.3 有效引导市场，稳定社会预期 / 127

6.5 小结 / 128

参考文献 / 129

第1章 研究概况

1.1 研究背景

水稻是稻属谷类作物,代表种为稻(学名:*Oryza sativa* L.),原产于中国和印度,7000年前中国长江流域的先民们就曾种植水稻。水稻按稻谷类型分为籼稻和粳稻、早稻和中晚稻、糯稻和非糯稻,按留种方式分为常规水稻和杂交水稻。水稻所结子实称为稻谷,稻谷脱去颖壳后称为糙米,糙米碾去米糠层即可得到大米。

水稻属于直接经济作物,是世界最重要的粮食作物之一。据FAO统计,全球约有112个国家种植水稻,50%以上的人口以大米为食,亚洲3/4的人口主食为大米[1]。2020年,中国稻谷种植面积为30076千公顷①,产量为2.12亿吨左右,约占全国粮食总产量的31%,可见水稻在中国粮食生产中有着举足轻重的作用[2]。

中国是农业大国的基本国情决定了粮食生产是国家的重要任务,粮食是人类生存和发展的第一要素,是关系国计民生的重要产品。粮食安全则国家稳定,粮食安全始终是关系经济发展、社会稳定和国家安全的全局性重大战略问题。水稻作为重要的粮食作物,对其研究和利用具有重要的意义。中国地大物博,但人均耕地面积小,约为世界平均水平的一半。如何利用有限的土地资源生产足够的大米以满足庞

---

① 1公顷=1万平方米。

大的人口需求，将考验中国农业科技工作者的智慧和能力。

1.1.1 水稻产业在中国经济发展中的重要地位

1.1.1.1 中国水稻产业发展现状

1. 中国水稻产业现状

水稻是中国重要的粮食作物，中国有超过 65% 的人口以大米为主食，大米消费量极其巨大。水稻是投入产出比较利益最高的作物，其种植面积、总产和单产均居粮食作物首位。中国水稻产业发展现状主要可以从水稻生产、市场等方面加以分析。目前，中国水稻产业面临人口持续增加、消费量稳定增长、资源约束性增强、生产增速放缓、气候变暖、自然灾害和工业污染等严峻形势。中国水稻产业发展趋势总体呈现水稻总产量增加、增速放缓、大米消费总量增加、人均消费量稳定、大米贸易量增加等特点。

2. 中国水稻生产现状

进入 21 世纪以来，总体上中国水稻种植面积和产量都呈增加状态，图 1.1 所示为 2000—2020 年中国水稻产量和种植面积数据统计。自 2004 年以来，随着前期积压的稻谷库存减少，中国水稻种植面积和产量开始出现恢复性增长。2005 年，种植面积为 2885 万公顷，仅次于玉米居第二位；单位面积产量为 6280 公斤[①]/公顷。2010 年后，中国水稻种植面积维持在 3000 万公顷以上，产量维持在 2.0 亿吨以上。2020 年，中国水稻的单位面积产量达到历史最高水平，单位面积产量为 7246 公斤/公顷。

3. 中国水稻贸易现状

2000—2019 年中国稻谷和大米进出口量如图 1.2 所示，2010—2019 年中国稻谷和大米平均进出口量为 339 万吨，较 2000—2009 年的平均

---

① 1 公斤 =1 千克。

196万吨增加了143万吨，增幅为72.96%。2000—2015年，中国稻谷和大米出口量总体表现为波动性下降趋势，从2000年的295万吨减少至2015年的28.72万吨；2015—2019年，中国稻谷和大米出口量呈逐渐上升趋势，2019年出口量增加至274.76万吨。2011—2018年，中国由大米净出口国变为大米净进口国，2019年进口量下降至254.57万吨。

图1.1　2000—2020年中国水稻产量和种植面积

资料来源：中华人民共和国国家统计局。

图1.2　2000—2019年中国稻谷和大米进出口量

资料来源：中华人民共和国国家统计局。

4. 中国水稻产业化现状

行业集中化有所提升，大米加工企业数量不断减少，规模不断扩大。水稻产能利用率触底回升，大米加工技术和装备水平有所提高，产业链逐渐延伸，综合利用水平有所提升。市场化程度提高，大米销售已经基本形成了多元化、多渠道的销售格局和覆盖全国的销售网络。物流设施较完备，基本形成了以大连北良港、广东新沙港、浙江舟山等为粮食物流枢纽，以各级粮食中心库为节点，以遍布全国的粮食收纳库为基础的现代粮食仓储物流体系。

1.1.1.2　中国水稻产业存在的问题[3]

1. 资源约束性增强

在作物中，水稻是受水土资源约束性最强的农作物。从耕地资源看，中国耕地总面积逐年递减且土地质量下降，土地资源破坏严重，阻碍了耕地的可持续发展。从淡水资源看，淡水资源是粮食生产的必备要素，水稻是耗水量最大的粮食作物，用水占农业用水的65%以上，而农业用水占总用水量的70%。自1980年以来，农业灌溉用水呈逐年下降趋势。从劳动力资源看，农业劳动力是农业生产中首要和唯一能动的生产要素，离开了劳动力，任何生产要素都无法形成生产力。劳动者能发现或创造新的生产要素，并能提高现有生产要素的质量和利用水平，进而提高产出水平。中国农业劳动力呈现继续减少的趋势，随着工业化、城镇化的推进，青壮年劳动力必然转向非农产业，从而使从事水稻生产的劳动力向老龄化方向发展。

2. 环境影响力加剧

全球气候变化加剧，夜间温度的提高有可能导致现有品种产量和品质下降。国际水稻研究所研究发现，水稻生长期间的平均夜间最低温度每增高1℃，水稻产量就会下降10%。与此同时，中国农业自然灾害风险仍然保持较高的水平，对中国粮食综合生产能力的稳定性具有显著影响。另外，中国传统农业资本的投入结构不合理，重视经常性资本投入，包括化肥、农药、种子等投入，而忽略了长期性资本投入，包括农机购买、水利设施建设、土壤改良等。经常性资本投入往往会影响农业综合能力的提升，如化肥的过度投入和低效利用，导致土壤板结，肥力下降；滥用农药，造成农产品带有大量农药残留；农业生产经营者在农产品的生产、加工、销售等环节违规操作，乱加或者多加化学药品以谋取更大的经济利益，以上这些都会引起水稻质量安全问题，最终威胁人类健康。

3. 土地生产经营规模有待进一步提高

目前，缺乏推进土地流转的可操作性政策法规，提高土地规模经营的政策尚不健全。一家一户的小规模分散经营不利于现代农业科技成果（如先进的农业机械设备）的普及运用，无法形成规模效益，农民的收入水平很难提升，导致农民没有意愿增加对土地的投入，出现农户间土地承包权转让的现象，但这种土地流转带有自发性、盲目性，多是低偿甚至无偿，长效利益激励机制尚不完善。

1.1.1.3 中国水稻产业发展措施

中国水稻产业发展面临消费量稳定增长、资源约束性增强、环境影响力加剧等严峻形势。针对中国水稻产业发展的现状和趋势，对促进中国水稻产业发展提出以下几点对策建议。

1. 增强自然灾害应对能力

对于农业生产来说，农业自然风险是不可避免的，但可以对这种风险进行管理。政府应加强农业基础设施建设，包括平整土地、修筑梯田、建设道路等，特别要加强农田水利建设，从源头改善农业生产的自然条件，以便有效控制和利用自然力；同时，应建立完善的农业保险制度，制定农业险种条款、险种费率标准；向商业性保险公司提供补贴，向农民提供保费补贴，保障农业生产经营者的切身利益不受损害。

2. 提高水稻产业化水平

水稻产业的发展必须以市场为导向，优化组合各种生产要素，将水稻生产的产前、产中、产后诸环节联结成一个完整的产业系统。农业生产经营者应建立完整的农业产业发展体系；要实行生产、加工、销售相联结，资金、技术、人才等有效配置；将农业生产专业化、农产品商品化、服务社会化全部纳入农业产业化的发展轨道中来。

3. 加快土地流转，提高土地经营规模，发展种植大户

《中华人民共和国土地管理法》规定，"农村集体经济组织实行家庭承包经营为基础、统分结合的双层经营体制"，禁止土地买卖，因此中国的农业土地流转专指土地使用权的流转。首先，农户土地流转必须坚持自愿、有偿的原则。其次，土地流转必须以大部分农民实现非农产业就业并有稳定收入为前提。在第二、三产业相对发达的地区，可以通过土地流转获得转让费和租金等流转利益，鼓励农户转让土地使用权。最后，根据种植作物的品种和面积等，给予种植大户粮种、农机、病虫等补贴。因此，要实现土地流转，必须要因地制宜，不能盲目跟风，更不能强制推行。

4. 发展可持续农业，保障大米质量安全

农产品质量安全和安全监测所具有的公共物品属性，决定了解决农产品质量安全问题必须运用政府宏观调控手段，才能确保居民的饮食安全，才能使农业走上一条可持续发展的道路。农产品生产经营主体的安全责任意识是决定农产品质量安全的关键，因此，要通过宣传、教育、新闻、网络等方式，对农户进行有关科学生产的技术和文化培训，指导农户合理用药、科学施肥和标准化生产。健全贯穿省、市、县、乡的农产品质量安全监管机构，建立上下联动的监管体系，对有风险隐患的农产品，必须严厉惩罚，确保农产品生产、流通全过程的质量安全。

1.1.2　水稻育种在水稻产业中的基础性作用

常规育种是水稻育种过程中最基础的育种，其包含的内容较为广泛，在育种过程中主要选择优质的亲本来有效地完成育种工作。但是这种育种方法的适用范围较小，无法满足当前社会逐渐多样化的需求。杂交育种工作能够有效发挥水稻优质基因，且杂交的成功率很高，是广大人民群众最熟悉的育种方式，在中国的应用范围较广。随着水稻研究水平的逐渐提高，能够缩短水稻生长周期的技术也在逐渐成熟。将基因育种方法与快速育种方法有效地结合在一起，能够改善水稻的品质[4]。种植试验大多是在正常的种植条件下开展的，很多性状难以通过这些条件来进行选择，所以必须充分利用超级辅助育种技术。此外，分子育种技术能够改良水稻品种，培育出优质新品种，开展跨物种培育，有很强的针对性，可有效地提高育种的整体水平[5]。

1. 提升新一代水稻育种技术

针对新时期水稻产业发展战略需求，强化水稻遗传育种的基础研究，创新全基因组选择、基因编辑、诱发突变、杂种优势利用等育种技术，以基因敲除、删除、单碱基编辑、大片段 DNA 重组突变为抓手，创新和优化水稻基因编辑技术；以基因叠加为突破口，完善多性状复合的转基因技术；通过生物技术、信息技术和人工智能技术的交叉融合，以全基因组选择为主线，完善水稻分子设计育种和智能设计育种，推动水稻育种逐渐向高效、精准、定向方向转变，加速作物超级新品种培育进程；应用基因定点加工技术，实现无融合生殖途径的杂种优势快速固定，大幅提高育种效率，为未来颠覆性作物育种提供技术支撑。

2. 培育绿色稻种，满足人民多样化的需求

随着中国经济发展水平的提高，人民的生活水平也得到了很大改善，广大人民群众对于食品品质的要求也在逐渐提高。营养、口感等是评估大米品质的主要因素，所以必须提高重视程度，大力研究影响口感与营养元素的遗传基础，培育更加优质的水稻，给人民群众提供优质的大米。培育绿色稻种是生产优质大米的基础，在今后研究过程中必须加大力度防治稻曲病等。近年来，环境的恶化给水稻的种植与人民群众的安全带来了许多不利影响，所以不仅必须要重视选种，而且要培育满足不同人群需要的新稻种。

3. 培育良种，推动水稻生产提质增效

围绕保障国家粮食安全、生态安全和促进农业高质量发展的战略需求，利用基因组学、遗传学等方法，系统开展变异组学研究，解析水稻种质资源形成与演化规律，规模化发掘有利用价值的等位基因；克隆优质、高产、抗病虫、抗逆、养分高效利用等重要性状新基因，阐明重要农艺性状形成的遗传基础，解析遗传调控网络；创制高产、优质、抗病、氮磷营养利用率显著提高、节水抗旱性明显增强的水稻育种新材料，培育米质优良、抗逆性强、氮磷钾等养分高效利用、重金属低吸收积累、产量高、适应性广、适用于机械化生产的绿色超级稻新品种，提升以市场为导向并具有前瞻性的种业科技自主创新和水稻生产能力，破解水稻产业供给侧结构性矛盾，推动中国水稻生产提质增效。

1.1.3　全球水稻育种研究进展

生物技术的发展极大地提升了中国水稻育种技术水平。水稻遗传育种的开展是为了提高水稻的产量与品质。近年来，转基因技术与现代化技术为水稻的遗传育种工作提供了有力支持，能够有效促进水稻种植业的发展。在品质育种方面，国内往往注重产量、品质、抗性，而发达国家更加注重水稻的理化品质和食味品质。例如，日本针对特定疾病人群，开发了低球蛋白米、花粉症减敏大米、糖尿病改善米、血清胆固醇减缓米、气喘减敏米、阿兹海默疫苗米、辅酶Q10强化米、矿物质强化米、高氨基酸米、高维生素米等[6]；印度培育了适合糖尿病患者食用的水稻品种ISM的改良变种[7]。

近年来，水稻育种已从传统育种阶段迈入分子育种阶段。分子育种是指利用分子标记辅助选择育种技术、转基因技术、基因编辑技术和全基因组选择技术，并结合大数据等现代信息技术开展的育种，可以定向改造或设计作物的某些性状，使现有作物品种更趋完善，是比传统"经验育种"更高效、更精准的作物新品种选育技术体系。

1.1.3.1 常规育种

常规育种包括选择育种、物理及化学诱变育种、离体组织培养育种和细胞杂交育种。常规育种的过程主要是选择合适的亲本，得到分离的群体，然后根据表型从群体后代中选择达到所设定育种目标的个体。这种方法对高产育种的效率比较高，但是对大米品质和非生物逆境的改良效率较低。选择育种是从自然变异中选择优良变异，但是自然变异发生频率低，有价值变异少，育种效率低。物理及化学诱变育种是通过物理化学处理，增加诱变频率，从大量突变中选择有利突变，由于突变往往是有害的，因此育种效率很低。水稻离体组织培养育种多选用的组织为水稻花药。利用水稻花药培养再生植株，单倍体自然加倍，基因组纯合快，能大量缩短育种历程，但是花药培养严重依赖基因型，特别是籼稻的花药培养难度较大，因此花药培养育种也受到限制，只有少数单位开展。水稻细胞杂交育种多选用有性杂交育种的方式，有性杂交育种是利用不同亲本材料杂交，再通过自交或测交，产生大量的具有丰富表型变异的后代群体，从中选择优良表型的单株。杂交育种充分发挥基因重组的作用，只要亲本间互补性强，杂交育种效率一般就比较高，并且很可能育成全新的骨干品种。因此，杂交育种是最主流的水稻育种方法，得到广泛应用[4]。

1.1.3.2 分子标记辅助选择育种和基因组育种

近 30 年来，水稻功能基因组学的成果为辅助选择育种提供了一系列的功能分子标记。SNP 芯片是全基因组选择育种的有效工具，水稻 60K SNP 芯片的开发和应用为大规模的基因型鉴定提供了便捷的方法[8]。在这些标记辅助选择下，通过回交实现目标性状的定向改良。2017 年，缩短作物生长周期的快速育种方法诞生，该方法可以实现使春小麦和豌豆等一年种植 6 代，油菜一年种植 4 代，加速了育种进程[9]。水稻是短日照植物，结合基因组选择育种和快速育种方法，可充分发挥定向改良的效率。定向改良必须知道哪些基因具有控制有利农艺性状和生物学性状的功能。在育种过程中，水稻大多在正常生产条件下种植，抗性性状如抗生物逆境和非生物逆境很难通过田间目测加以选择，而分子标记辅助选择在苗期就可以进行。因此，利用分子标记辅助选择育种和基因组育种定向改良抗逆等性状更有现实意义。随着功能基因的不断挖掘和基因调控网络的建立，全基因组范围的设计育种将有更广阔的天地。

1.1.3.3 转基因育种与基因编辑育种

转基因育种是指通过转基因的方法导入外源的基因，达到性状改良的目标，从而培育新品种。传统育种只能依靠品种或者种之间的杂交实现重组，选育出具有优良性状的品种。而转基因育种可以实现跨物种的基因交流，对目标性状改良的针对性强，可以提高育种效率。苏云金芽孢杆菌的 *Bt* 毒蛋白基因是目前世界上公认的高效抗虫基因之一，通过转基因的方法将其导入水稻，可以有效提高水稻的抗虫特性[10]。*bar* 基因能使植物特异性获得对除草剂草丁膦的抗性，转 *bar*

基因的抗除草剂水稻能获得很好的抗除草剂效果[11]。

在分子育种方面，可以通过基因编辑技术对控制或调控目标性状的 DNA 片段即基因中的碱基进行编辑，从而实现基因的功能改变，最终使得由其控制的性状也发生改变。近 10 年来，基因编辑技术的突飞猛进，特别是 CRISPR/Cas9 技术的应用，使得基因敲除技术已经成为常规技术[12]，基因敲入技术也产生了突破[13, 14]。因此，定向敲除不良目标基因和定向整合优良目标基因，将大幅提高水稻定向遗传改良效率。并且，经过"CRISPR/Cas9 基因编辑系统"获得的植株通过自交重组，容易得到不含转基因的基因编辑品种[15, 16]。

1.1.4　中国水稻育种研究进展

目前，中国水稻育种以杂交水稻品种选育为主。中国水稻育种处于国际领先地位，品种创新依赖核心优异种质，中国在水稻不育系和恢复系的选育方面形成了较多的优质品系，为育种创新提供了种质基础。近年来，水稻育种技术及功能基因组研究的快速发展，为中国水稻遗传育种准备了大量的有重要利用价值的基因，水稻育种正迈向设计育种的新时代。水稻育种的创新发展极大地提升了中国在水稻育种领域的国际地位，确保了中国的口粮安全，育种目标也从唯产量是举到高抗、优质和高产并重，育种理念从高产优质逐步提升为"少投入、多产出、保护环境"，为中国社会、经济的发展做出了巨大贡献。中国水稻分子育种研究进展主要体现在以下几个方面[17]。

1.1.4.1　水稻品种数量井喷、品质提升

2014 年以后，我国先后启用了品种审定的绿色通道和联合体试验渠道，品种试验的方式更加多元化，参试品种的数量因此迅速增加[18]。2016 年通过国家或省级审定的水稻品种数为 551 个，2017 年为 676 个，2018 年达 943 个，约为 2017 年审定品种数的 1.4 倍，其

中，籼稻品种数增加77.3%，杂交稻品种数增加71.8%，两系杂交水稻比重已占审定杂交水稻新品种数的44.8%。通过审定品种的品质性状得以改善，在2018年的268个国审品种中，优质稻占比为50.0%；在地方审定品种中，优质稻占比为34.6%。在抗性方面，国审品种中抗稻瘟病品种的比例相对较高，有38个，占比为14.2%，抗白叶枯病品种为8个，抗褐飞虱品种为2个；在地方审定水稻品种中，有255个具有抗稻瘟病特性，占比为37.8%，另有抗白叶枯病品种71个，抗稻曲病品种57个，抗纹枯病品种76个，抗条纹叶枯病品种43个[19]。

1.1.4.2 超级稻实现第五期育种目标

自1996年农业部组织实施"中国超级稻"项目以来，经过广大科技工作者的协作攻关，中国在超级稻理论方法、材料创制、品种选育等方面均取得了重大进展，育成了一大批超高产品种，当前可冠名超级稻的品种数目为132个，其中常规稻有35个，杂交稻有97个，累计推广面积达7000多万公顷，目前年推广面积在800万公顷以上。在高产攻关和生产实践中，这些品种均表现出超高产潜力，2016年实现16.0吨/公顷的第五期育种产量目标，为深入实施"藏粮于技"战略，实现中国粮食生产"十四连增"和保障国家粮食安全提供了科技支撑。

1.1.4.3 籼粳杂交稻实现区域性突破

近年来，籼粳亚种间杂种优势利用在长江中下游稻区尤其是杭嘉湖地区发展迅速。采用"籼中掺粳"和"粳中掺籼"的策略，浙江省宁波市农业科学院和中国水稻研究所等单位利用粳型不育系与籼粳中间型恢复系配组，选育出"甬优""春优""浙优""嘉优中科"等籼粳亚种间杂交稻[20, 21]，在南方稻区显示了良好的发展势头，截至2018年，先后有38个组合通过国家审定，其中有8个组合被冠名超级稻，代表性品种甬优12号水稻累计推广面积达27.7万公顷。籼粳杂种一代具有营养生长旺盛、生物学产量高、茎秆粗壮、抗倒性强、绝对产量高、增产潜力大等特点[22]。

1.1.4.4 粳稻杂种优势利用取得可喜进展

在中国，粳型三系杂交水稻的选育几乎与籼型三系同时起步，于1975年实现三系配套[23]。受品质、制种产量和竞争优势等问题的影响，杂交粳稻占粳稻种植面积的比例尚不足3.0%。近年来，随着育种技术的创新，我国创制了一批具有高异交特性和优良品质的粳型不育系，如滇榆1号A、滇寻1号A、黎榆A、榆密15A等滇型不育系和辽105A、辽30A、辽02A、辽5216A、辽99A、辽11A、辽143A和L6A等BT型不育系，育成了滇杂31、云光12号、云光14号、辽优9906、辽16优06、辽73优62、粳优558、粳优106、粳优165、津粳杂2号、津粳杂4号、天隆优619等抗性强、品质优、产量高的杂交粳稻新组合，并开始在生产中崭露头角[24]。尤其是天隆优619的育成，使杂交水稻在寒地种植的梦想变成了现实。天隆优619的成功种植和推广不仅解决了杂交粳稻品质较差、制种产量不高不稳的技术难题，也为中国知名常规粳稻"稻花香"的更新换代提供了新的品种。

1.1.4.5 分子技术加速水稻育种精准化

分子标记育种、转基因育种和分子设计育种是分子育种的三种主要类型[25]。当前，分子标记育种已在水稻骨干亲本的抗性、品质改良[26, 27]方面得到较大程度的应用，水稻分子设计育种也取得重大突破。邓兴旺等[28]利用可以稳定遗传的隐性雄性核不育材料，通过转入育性恢复基因恢复花粉育性，同时利用花粉失活基因使含转基因成分的花粉失活，并利用荧光分选技术快速分离不育系与保持系两种类型的种子，从而提出"智能不育杂交育种技术"或"第三代杂交水稻技术"；中国水稻研究所联合中国科学院遗传与发育生物学研究所对测序品种日本晴和9311中的28个优良基因主动设计，以"特青"作为基因受体，再经过多年的聚合选择，最后获得若干份优异的后代材料，这些材料充分保留了"特青"的遗传背景及高产特性，而大米外观品质、蒸煮食味品质、口感和风味等均显著改良，所配组的杂交稻品质也显著提高[29]。该研究结果对于推动水稻传统育种向高效、精准、定向的分子设计育种转变具有指导意义。

1.1.4.6　基因组编辑技术改良水稻获得进展

基因组编辑技术是指可以在基因组水平上对DNA序列进行定点改造的遗传操作技术，其在水稻遗传改良方面具有重大的应用价值。LI等[30]利用CRISPR/Cas9技术对水稻产量负调控基因进行定点修饰，获得水稻的每穗实粒数或着粒密度、粒长明显增加的材料；MA等[31]利用CRISPR/Cas9技术靶向突变直链淀粉合成酶基因OsWaxy，突变体直链淀粉含量从14.6%下降至2.6%，由此获得了糯性品质；WANG等[32]以稻瘟病感病品种空育131为材料，利用CRISPR/Cas9技术靶向敲除OsERF922，获得的T2纯合突变系在苗期和分蘖期对稻瘟病菌的抗性相比野生型都有显著提高。SHIMATANI等[33]通过基于CRISPR/Cas9的Target-AID方法，将水稻ALS编码区的第96位丙氨基酸突变成缬氨酸，获得了抗磺酰脲类除草剂的水稻突变体。LI等[34]利用CRISPR/Cas9技术靶向编辑粳稻品种空育131内源基因cas，获得了粳型光敏核雄性不育系。ZHOU等[35]利用CRISPR/Cas9技术对水稻温敏核雄性不育基因TMS5进行特异性编辑，创制了一批温敏核雄性不育系。2019年，WANG和KHANDAY几乎同时在杂交稻中建立无融合生殖体系，通过无融合生殖固定杂交种基因型，得到杂交稻的克隆种子，彻底颠覆了传统育种及种子生产程序，抢占了世界农业科学特别是未来育种模式的战略制高点[36,37]。

1.2 研究目的与意义

1.2.1 文献分析在农业领域的作用

文献是科学研究的基础，任何一项科学研究都必须广泛收集文献资料，在充分查询资料的基础上，分析资料的种种形态，探求其内在联系，进而进行更深入的研究。文献分析是指通过对收集的文献资料进行研究，探明研究对象的性质和状况，并从中引出观点和结论的分析方法。文献分析在知识创新系统中具有信息支持和保障的作用，是知识创新的一部分，存在于知识生产、扩散和转移等方面，与知识创新密不可分。

农业科学是研究农业发展自然规律和经济规律的科学，涉及农业环境、作物和畜牧生产、农业工程和农业经济等多种科学。随着农业科技创新速度的不断加快、生物技术和信息技术的飞速发展及其在农业中的广泛应用，农学在保持传统特色的基础上，正焕发着勃勃生机。文献分析对于农业学科发展至关重要，通过对农业领域相关信息进行分析加工，可以得出对未来决策具有参考依据的关键结论。

小种子承载大使命，生物育种对现代农业发展至关重要。农业结构的调整基础在育种，农业效益的提高根本在育种，农业产品的创新关键在育种，农业经济的安全核心也在育种。将我们中国人的饭碗端在自己手中，最根本的是要将作物的种子握在自己手中。通过对农业育种相关文献进行数据挖掘，不仅可以明确学科领域的研究重点、热点、难点和痛点，而且可以揭示学科发展的态势，了解产业发展动态，解析行业发展规律，为技术研发、学科发展、产业进步提供量化支撑。一直以来，科技进步都是推动中国农业产业发展的重要手段，中央政府和地方政府一再加大对农业育种科研经费和人力资源的投入，为解决关键技术瓶颈、创新发展颠覆技术、加强自主知识创新和保护提供了有力保障，有效地扩大了中国农业育种产业相关技术的世界影响力。

1.2.2 中国水稻育种研究存在的问题

1.2.2.1 传统育种和现代育种技术结合不紧密

传统杂交育种和现代分子育种在品种选育中都表现出各自的优势。但是，当前分子育种技术选育大多独立于杂交育种过程，只对杂交育种等方法选育出的品种的个别缺陷性状进行改良，改良后的新品种的基因组结构与原品种变化很小。从育种的效率和效果看，毋庸置疑，水稻杂交育种方法依旧是主流方法。但是，杂交育种一定要在选育过程中与现代育种技术相结合，避免过去仅限于大田的纯表型选择，在杂交育种完成后再开展不良性状改良的情况。

1.2.2.2 水稻品质育种多元化不足

当前水稻品种依然存在资源消耗型品种多、资源节约型品种少，高产感病品种多、稳产抗病品种少等结构性矛盾，水稻种植对水、肥、药等资源消耗品投入的依赖性依然很突出，有重大突破的高产优质绿色及适宜机械化、轻简化的新品种有待研发；培育满足特殊人群需要的水稻品种有待重视，如富硒水稻品种、适合糖尿病患者食用的高抗性淀粉品种等。中国在超高产育种上依然保持世界领先，不断提高水稻单产水平和总产量是中国水稻育种的主攻方向。与此同时，对于水稻而言，高产往往带来品质差、抗病虫害能力低的问题，这一状况成为中国稻米行业竞争力提高的瓶颈。而发达国家水稻育种的研发态势主要体现在关注产量、生境和非生境胁迫、抗虫、耐逆基因的挖掘及其育种利用等诸多方面。

1.2.2.3 水稻分子育种应用研究水平不足

水稻育种技术对于确保粮食高产、提高作物品质有着至关重要的作用。相比农药、化肥的使用，水稻育种技术是水稻生产中最环保、经济、有效的方法，也是农业领域最前沿的技术之一。虽然水稻育种应用研究进入了高速发展的新阶段，但与其他高新技术领域相比，其应用研究仍有较大的提升空间。以水稻育种专利为例，中国的水稻分子育种相关技术专利虽然取得了一定的进步和发展，但是与发达国家间还有一定差距，主要表现在技术创新水平和国际竞争力相对较低；中国海外专利申请数屈指可数，与美国、日本等国相比明显偏弱；水稻产业专利强度较低，中国一般专利较多，而高质量专利明显缺乏，专利技术创新仍面临挑战，专利数量与质量不协调等难题亟待解决。

同时，水稻育种的基础研究与应用研究的结合也有待进一步加强。一方面，要利用基因组育种技术和基因编辑技术，加快水稻功能基因组研究成果向育种应用的转化；另一方面，要重视发掘新的重要基因，为设计育种提供元件，应用生物技术手段，开发不育系新质源，引入优良的外源基因改造现有的不育系和恢复系，利用组学技术、信息技术、生物技术等现代科学技术，加速水稻育种的精准化、数据化、智能化的变革与发展，以及探索利用无融合生殖特性固定杂种优势的方法来破解新时期水稻育种材料的创制难题，使育种技术获得革命性、颠覆性的突破。

1.2.3　本书的意义

粮安天下，种铸基石。种子是现代农业的"芯片"，是确保国家粮食安全和农业农村高质量发展的"源头"。习近平总书记就曾在2013年12月的中央农村工作会议讲话中指出："农民说，'好儿要好娘，好种多打粮'，'种地不选种，累死落个空'。要下决心把民族种业搞上去，抓紧培育具有自主知识产权的优良品种，从源头上保障国家粮食安全。"要以习近平总书记对"三农"工作特别是种业发展的重要指示精神为指导，深化认识、发挥优势、抢抓机遇，加快推进生物育种中心建设，提高农业作物育种能力，引领带动农业转型升级。

现代生物技术被誉为20世纪人类最杰出的科技进步之一，分子育种技术是现代生物技术的核心，运用分子育种技术培育高产、优质、多抗、高效的水稻新品种，对保障粮食和饲料安全、缓解能源危机、改善生态环境、提升产品品质、拓展农业功能等具有重要作用。目前，世界许多国家把分子育种技术作为支撑发展、引领未来的战略选择，分子育种技术已成为各国抢占科技制高点和增强农业国际竞争力的战略重点。

本书针对水稻分子育种的全球研发态势进行分析，对包括水稻产业化现状与趋势、全球水稻分子育种专利态势、水稻分子育种产业主体竞争力、全球水稻分子育种论文态势等方面进行深入的解读和分析。一方面可以了解世界水稻产业发展动态，揭示世界水稻产业的发展规律；另一方面可以明确业内竞争对手的技术性竞争优势，找到技术空白点，从而为引导中国水稻相关技术的研发方向和趋势、促进水稻育种学科发展和产业进步提供量化支撑。本书形成有深度和广度的研究，为相关课题研究者和决策领导提供重要的信息支撑，为解决中国水稻分子育种发展面临的问题和产业化需要的配套措施提供参考。

▶ 1.3 技术分解

本书以水稻分子育种应用分类和技术分类领域作为专利检索分析的主线，以各分类的详细分支作为辅助，完成了全部水稻分子育种专利的检索。水稻分子育种重点技术分解表如表1.1所示。此外，为深入了解水稻分子育种相关专利所包含的具体信息，本次专利分析特请领域专家对全部专利进行了应用和技术分类标引，每个分类的专利数量也在表中列出，在本书后续章节的技术分析及应用分析中，均采用此分类进行分析。

表 1.1 水稻分子育种重点技术分解表

一级分支	二级分支	三级分支
应用分类	抗虫	大螟、三化螟、二化螟、稻纵卷叶螟、稻飞虱（褐飞虱、灰飞虱、白背飞虱）、稻蓟马、稻苞虫、稻瘿蚊、稻蜻蟓
	抗除草剂	草甘膦、草铵膦、抗咪草烟
	抗病	稻瘟病、白叶枯病、纹枯病、稻曲病、恶苗病、细菌条斑病、条纹叶枯病、黑条矮缩病、立枯病、胡麻斑病
	抗非生物逆境	抗旱、耐盐碱、耐低温、耐高温、耐淹、低镉、耐铝毒
	营养高效	氮高效、磷高效、钾高效
	高产	高光效、理想株型、细胞质雄性不育、细胞核雄性不育、光敏不育、温敏不育、杂种不育、柱头外露率、株高、抽穗期、适宜机插、耐倒伏、耐直播、籽粒大小、穗粒数、粒重、分蘖数、杂种优势、灌浆速率
	优质	加工品质、外观品质、蒸煮食味品质、营养品质、出糙率、精米率、整精米率、透明度、低垩白度、低垩白粒率、米饭光泽度、弹性、黏性、柔软性、冷饭柔软性、香味、直链淀粉含量、支链淀粉聚合度、糊化温度、胶稠度、RVA谱、蛋白含量、脂肪含量、维生素E、高赖氨酸、功能性品质、高抗性淀粉、高GABA、低谷蛋白
技术分类	分子标记辅助选择	简单重复序列（SSR）
		竞争性等位基因特异性PCR（KASP）
		酶切扩增多态性序列（CAPS）
		单倍型
		单核苷酸多态性（SNP）
		功能型分子标记
		基因芯片
		高通量测序
		InDel标记
	基因编辑	CRISPR、TALEN、ZFN
	转基因技术	农杆菌介导法、农杆菌转化法、基因枪法、RNAi
	载体构建	组成型表达、诱导表达、组织器官特异表达
	单倍体育种	诱导系、花药培育

1.4 相关说明

1.4.1 数据来源

本书采用的专利文献数据主要来自德温特创新索引（Derwent Innovations Index，DII）数据库。该数据库是由科睿唯安出版的基于 Web 的专利信息数据库，收录了来自全球 40 个专利发行机构的 1200 多万个基本发明；专利覆盖范围可追溯到 1963 年，引用信息可追溯到 1973 年，是检索全球专利最权威的数据库。

本书涉及的专利检索截止时间为 2020 年 9 月 14 日，考虑到专利从申请到公开的时滞（最长达 30 个月，其中包括 12 个月的优先权期限和 18 个月的公开期限），2018—2020 年之间的专利数量与实际不一致，因此不能代表这 3 年的申请趋势。本书所有章节的专利统计数据均如此，不再赘述。

1.4.2 分析工具

本次专利分析主要采用了科睿唯安的德温特数据分析软件（Derwent Data Analyzer，DDA）及德温特创新（Derwent Innovation，DI）数据库。DDA 是一个具有强大分析功能的文本挖掘软件，可以对文本数据进行多角度的数据挖掘和可视化的全景分析，还能够帮助情报人员从大量的专利文献或科技文献中发现竞争情报和技术情报，为洞察科学技术的发展趋势、发现行业出现的新兴技术、寻找合作伙伴、确定研究战略和发展方向提供有价值的依据。DI 数据库可提供全面、综合的内容，包括全球专利信息、科技文献及著名的商业和新闻内容，还收录了来自全球 90 多个国家和地区的专利数据，并具有强大的分析功能和可视化功能。

此外，本次专利分析还利用了 Innography 专利分析平台的专利强度，用于筛选高质量专利。Innography 的专利强度区间为 0～100 分，评估依据包括权利要求数量、引用和被引次数、专利异议和再审查、专利分类、专利家族、专利年龄等。

1.4.3 术语解释

1. 专利家族

随着科学技术的发展，专利技术的国际交流日益频繁。人们欲使其一项新发明技术获得多国专利保护，就必须将其发明创造向多个国家申请专利，由此产生了一组内容相同或基本相同的文件出版物，称为一个专利家族。专利家族可分为狭义专利家族和广义专利家族两类。广义专利家族指一件专利后续衍生的所有不同的专利申请，即同一技术创造后续所衍生的其他发明，加上相关专利在其他国家所申请的专利组合。本书所述专利家族都是指广义的专利家族，专利家族数据均来自 DII 数据库中的专利家族。

2. 基本专利、同族专利

在同一专利家族中，每件文件出版物互为同族专利。科睿唯安公司规定先收到的主要国家的专利为基本专利，后收到的同一发明的专利为同族专利。

3. 专利项数与件数

由于本书所采用的 DII 数据库中的记录是以家族为单位进行组织的，故一个专利家族代表了一"项"专利技术，如果该项专利技术在多个国家提交申请，则一项专利对应多"件"专利。本书中所提到的专利数量以"项"为单位则代表整个专利家族，以"件"为单位则代表专利家族中的一个专利成员。

4. 最早优先权年

最早优先权年指在同一专利家族中，同族专利在全球最早提出专利申请的时间。利用专利产出的优先权年份，可以反映某项技术发明在世界范围内的最早起源时间。

5. 最早优先权国家/地区

最早优先权国家/地区指在同一专利家族中，同族专利在全球最早提出专利申请的国家/地区。专利申请的最早优先权国家/地区，可以反映某项技术发明在世界范围内最早起源的国家或地区。例如，某项专利最早优先权国家/地区为欧洲，则表示该专利家族中最早的一件专利通过欧洲专利局提出申请，该项技术起源于欧洲。

6. 欧洲专利局

欧洲专利局（EPO）主要职能是根据《欧洲专利公约》授权欧洲专利，目前有38个成员国，覆盖了整个欧盟地区及欧盟以外的10个国家。通过欧洲专利局申请并授权的专利，可在欧洲专利局覆盖的全部成员国获得保护。

本书的文字和图表部分对欧洲专利局简称"欧洲"。通过分析"欧洲"的专利数量（项），可知最早优先权国为欧洲的专利技术的项数；通过分析"欧洲"的专利布局，可知在欧洲专利局申请第一件专利的专利权人随后在其他国家进行同族专利布局的情况。

7. 世界知识产权组织

世界知识产权组织（World Intellectual Property Organization，WIPO）是联合国保护知识产权的一个专门机构，根据《成立世界知识产权组织公约》而设立。该公约于1967年7月14日在斯德哥尔摩签订，于1970年4月26日生效，中国于1980年6月3日加入该组织。向WIPO申请的专利称为PCT国际专利申请，根据PCT的规定，专利申请人可以通过 PCT 途径递交国际专利申请，随后向多个国家申请专利。

8．高质量专利

经过统计分析 Innography 数据库中的专利强度信息，在本次检索到的全部水稻分子育种专利中，TOP 10% 的专利强度在 60 分以上，故本书定义 Innography 专利强度 ≥ 60 分的专利为高质量专利。

9．专利转让和专利许可

专利转让是指拥有专利申请权的专利权人把专利申请权和专利权让给他人的一种法律行为。转让专利申请或专利权的当事人必须订立书面合同，经专利局登记和公告后生效。

专利实施许可简称"专利许可"，是指专利技术所有人或其授权人许可他人在一定期限、一定地区、以一定方式实施其所拥有的专利，并向他人收取使用费用的一种法律行为。专利许可仅转让专利技术的使用权利，转让方仍拥有专利的所有权，受让方只获得专利技术实施的权利，并没拥有专利所有权。

1.4.4 其他说明

本书中的"中国"专利均代表"中国大陆地区"，中国香港、中国台湾和中国澳门地区的专利信息单独列出。

由于不同产业主体之间有合作专利、不同机构之间有合作发文的情况，本书在统计专利总量和发文总量时，均已对合作专利和合作发文进行去重处理。

第 2 章
全球水稻产业化现状及趋势

本章以全球水稻的产业化进程和供需现状作为出发点，分析了全球水稻贸易现状和中国水稻供需及贸易现状，以期掌握中国水稻供应贸易情况和未来趋势，为中国的粮食安全和粮食供应链的稳定运行提供参考。本次分析数据均来源于经济合作与发展组织（Organization for Economic Cooperation and Development，OECD）的官方统计数据，检索时间为 2021 年 6 月 21 日。

2.1 全球水稻产业化进程和供需现状

2.1.1 全球水稻产业化进程

2000—2020 年全球水稻产业化趋势如图 2.1 所示，可以看出，2000—2002 年全球水稻种植面积有所减少，但自 2003 年起水稻产业化整体呈上升趋势，2010—2020 年全球水稻种植面积平稳，保持在 1.6 亿公顷以上。2000—2020 年，全球 97% 以上的水稻均在发展中国家种植，发达国家水稻种植面积极少。

图 2.2 所示为 2000—2020 年全球水稻产量趋势，从整体来看，水稻产量趋势与产业化趋势大体一致，2010—2020 年全球水稻种植面积变化不大，但产量稳中有升，2016—2020 年发展中国家的水稻产量占比保持在 96% 以上。

图 2.1　2000—2020 年全球水稻产业化趋势

图 2.2　2000—2020 年全球水稻产量趋势

2.1.2　全球水稻供需概况及主要产需国分布

图 2.3 显示了 2010—2020 年全球水稻供需情况，可以看出，

2010—2018年间全球水稻产量均大于消费量,水稻供应充足,且每年库存结余充盈,供大于求,2019年全球水稻产量略低于消费量,2020年产量有所回升。发展中国家的水稻产量和水稻消费量历年占比都很高,在95%~97%。

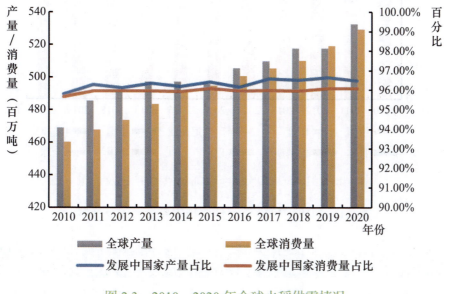

图2.3　2010—2020年全球水稻供需情况

图2.4和表2.1列出了2010—2020年全球水稻主要生产国及产量,全球水稻主产区集中在亚洲,且2010—2020年主要生产国分布基本不变。中国和印度是全球水稻最重要的生产国,两国加起来的产量占全球产量的50%左右,此外,印度尼西亚(以下简称印尼)、泰国和菲律宾也是水稻生产大国。图2.5所示为2020年全球水稻主要生产国产量及占比分布,可以看出,2020年中国水稻产量占全球总量的28%,印度水稻产量占全球总量的22%。

2010—2020年全球水稻主要消费国及消费量如图2.6和表2.2所示,中国、印度和印尼既是水稻主要生产国,也是水稻主要消费国,三国加起来的消费量约占全球消费量的60%。

图 2.4 2010—2020 年全球水稻主要生产国及产量

表 2.1 2010—2020 年全球水稻主要生产国及产量

(单位:百万吨)

年份	2010	2011	2012	2013	2014	2015	2016	2017	2018	2019	2020
全球	468.94	485.32	491.14	497.21	497.30	495.53	505.54	509.90	517.61	517.43	532.49
中国	135.10	138.97	141.47	141.31	143.58	145.32	144.60	145.68	145.31	146.73	147.12
印度	95.98	105.30	105.24	106.65	105.48	104.41	109.70	112.76	116.42	115.75	118.09
印尼	41.70	41.26	43.33	44.72	44.45	45.80	45.52	46.35	46.74	46.81	52.82
泰国	23.83	25.22	25.16	24.34	20.93	18.15	21.09	21.78	21.16	21.30	21.28
菲律宾	10.94	11.12	11.86	12.31	12.37	11.43	12.13	12.70	12.18	12.32	12.86
日本	7.75	7.76	7.87	7.90	7.82	7.64	7.75	7.54	7.44	7.58	7.55
巴基斯坦	4.82	6.16	5.54	6.80	7.00	6.80	6.85	7.45	7.20	7.29	7.65
巴西	7.93	9.26	7.89	8.04	8.24	8.47	7.21	8.38	8.20	7.11	7.98
美国	7.67	5.84	6.30	6.00	7.01	6.10	7.07	5.63	7.07	6.02	7.27

第 2 章 全球水稻产业化现状及趋势

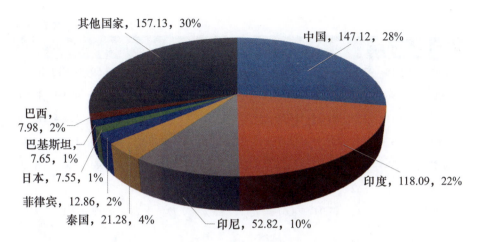

图 2.5 2020 年全球水稻主要生产国产量及占比分布（单位：百万吨）

图 2.6 2010—2020 年全球水稻主要消费国及消费量

表 2.2 2010—2020 年全球水稻主要消费国及消费量

（单位：百万吨）

年份	2010	2011	2012	2013	2014	2015	2016	2017	2018	2019	2020
全球	460.22	467.95	473.53	483.45	491.14	495.02	500.91	505.52	510.35	519.11	529.52
中国	130.30	132.46	134.26	136.70	139.24	141.91	143.58	143.52	145.80	149.03	148.05

（续表）

年份	2010	2011	2012	2013	2014	2015	2016	2017	2018	2019	2020
印度	91.15	93.14	94.38	95.46	96.97	97.05	97.49	98.17	98.59	102.18	105.20
印尼	41.90	43.66	44.93	45.62	45.95	46.70	46.70	47.15	47.95	47.94	49.91
泰国	13.11	13.10	13.11	14.00	13.97	13.78	13.13	13.20	11.83	12.54	12.80
菲律宾	12.37	13.22	12.73	13.60	13.58	12.73	13.49	14.17	14.89	15.27	15.86
日本	8.54	8.71	8.20	8.32	8.53	8.66	8.66	8.64	8.55	8.47	8.42
巴基斯坦	2.32	2.52	2.43	2.88	2.94	2.88	3.04	3.14	3.08	3.10	3.13
巴西	8.27	8.32	7.94	8.61	7.94	8.02	7.77	8.18	7.64	7.43	7.97

2.2 全球水稻贸易现状

2.2.1 全球水稻贸易规模

图 2.7 反映了 2010—2020 年全球水稻国际贸易规模，可以看出，2010—2020 年全球水稻贸易量维持在 3000 万～5000 万吨，进出口量大体平衡。从发展中国家的贸易份额来看，发展中国家以水稻出口为主，水稻出口份额比进口份额高。

图 2.7　2010—2020 年全球水稻国际贸易规模

2.2.2　全球水稻主要进口国/地区分布

2010—2020年全球水稻主要进口国/地区及进口量如图2.8和表2.3所示，从图2.8中可以看出，全球水稻进口国/地区分布较为分散，各国/地区进口量相对全球水稻进口总量而言占比都很低。其中，中国在2015—2017年水稻进口量最大，2018—2020年有所下降。2018—2020年菲律宾的水稻进口量大幅增长，是全球水稻进口量最高的国家。

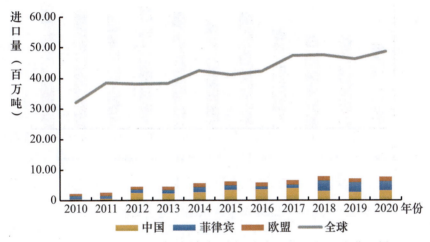

图2.8　2010—2020年全球水稻主要进口国/地区及进口量

表2.3　2010—2020年全球水稻主要进口国/地区及进口量

（单位：百万吨）

年份	2010	2011	2012	2013	2014	2015	2016	2017	2018	2019	2020
全球	32.03	38.60	38.14	38.32	42.53	41.11	42.28	47.33	47.48	46.15	48.74
中国	0.39	0.60	2.37	2.27	2.58	3.38	3.56	4.03	3.08	2.55	3.13
菲律宾	1.10	1.00	1.15	1.12	1.76	1.47	0.97	1.12	3.35	3.26	3.16
欧盟	0.86	0.96	0.96	1.09	1.23	1.33	1.37	1.48	1.43	1.44	1.45

2.2.3　全球水稻主要出口国分布

2010—2020年全球水稻主要出口国及出口量如图2.9和表2.4所示，可以看出，印度、泰国、巴基斯坦和美国为全球水稻的主要出口国，美国虽然产量不算高，但因其本国水稻消费量低，所以主要以出口为主，中国水稻产量和消费量都很高，因此出口量也很少。2010—2020 年，印度和泰国的水稻出口总量约占全球水稻出口量的 50%。自 2011 年以来，印度一直是全球水稻出口量最大的国家。

图 2.9　2010—2020 年全球水稻主要出口国及出口量

表 2.4　2010—2020 年全球水稻主要出口国及出口量

（单位：百万吨）

年份	2010	2011	2012	2013	2014	2015	2016	2017	2018	2019	2020
全球	34.92	40.24	41.12	42.38	46.93	44.58	45.65	47.86	46.55	47.17	48.95
印度	2.83	10.16	10.86	10.59	12.22	10.35	11.64	12.26	10.80	12.00	14.11
泰国	11.45	7.36	6.52	8.60	10.53	10.03	10.84	11.46	9.86	8.95	8.83
巴基斯坦	3.48	3.53	3.49	3.66	3.91	4.17	3.62	4.10	4.38	4.45	4.43
美国	3.57	3.19	3.38	2.93	3.02	3.40	3.62	2.75	2.95	3.09	3.16
中国	0.49	0.52	0.28	0.48	0.42	0.29	0.48	1.20	2.09	2.75	2.53

2.2.4　全球水稻产业趋势预测

图 2.10 所示为 2021—2029 年全球水稻供需趋势预测，预计 2021—2029 年全球水稻产量与消费量将逐年增加，且产量和消费量基本持平。同时，发展中国家依然是主要的水稻供需国，保持很高的全

球产量占比和消费量占比，均在 96% ~ 97%。

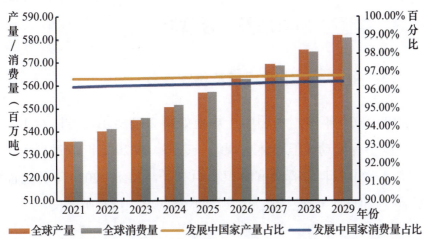

图 2.10　2021—2029 年全球水稻供需趋势预测

图 2.11 所示为 2021—2029 年全球水稻贸易趋势预测，从预测结果来看，2021—2029 年全球水稻进口量与出口量基本持平，且出口量略高于进口量。发展中国家仍是全球水稻出口的主力军，出口量占到了全球出口量的 92% 左右。相对于出口量来说，发展中国家进口量相对少一些，进口量占全球水稻进口量的 89% 左右。

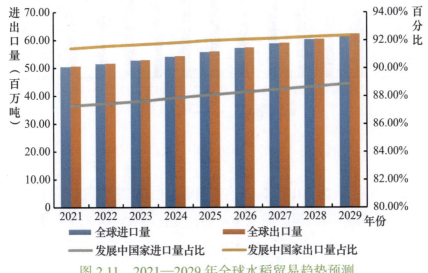

图 2.11　2021—2029 年全球水稻贸易趋势预测

2.3 中国水稻供需及贸易现状

2.3.1 中国水稻生产规模及供需现状

2010—2020年中国水稻生产规模如图2.12所示,可以看出,水稻产量虽小有波动,但整体呈现增长态势,2020年产量达到历史峰值。2010—2017年水稻种植面积稳中有升,2018—2020年种植面积有所减少,但总产量保持稳定,说明水稻的单产量有所增长。

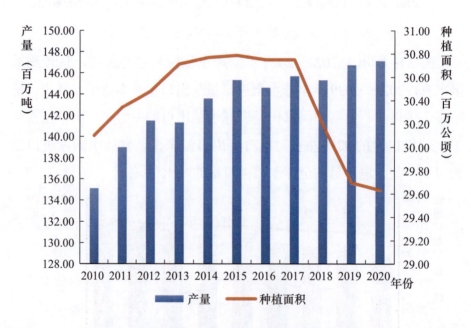

图2.12 2010—2020年中国水稻生产规模

图2.13所示为2010—2020年中国水稻供需情况,可以看出,2010—2020年中国水稻产需基本平衡且变化不大,大米消费平稳。此外,大米库存量稳定增加,粮食库存十分充盈。

图 2.13　2010—2020 年中国水稻供需情况

2.3.2　中国水稻国际贸易现状

2010—2020 年中国水稻进出口走势如图 2.14 和表 2.5 所示，可以看出，2010 年和 2011 年的水稻进口量在 50 万吨左右，2012 年猛增至 236.86 万吨，随后逐年攀升至 2017 年的 403 万吨，2018 年和 2019 年略有下降，2019 年进口量 8 年来首次低于出口量，2020 年进口量出现回升。2010—2016 年的水稻出口量维持在较低水平，2017 年开始逐年增多，到 2019 年超过了水稻进口量。总体来看，2010—2020 年中国水稻进出口可分为 4 个时期：2010—2011 年，进出口差额平衡时期；2012—2017 年，贸易逆差迅速扩大期；2018—2019 年，贸易逆差缩小至平衡；2020 年贸易逆差再次扩大。

进口依存度是指某一国产品的进口总额（总量）占国内生产总值（总量）的比例，该指标用来测度某国经济对国际市场的依赖程度，在粮食贸易中可用来估测国际竞争力和粮食安全的情况，其计算公式如下：进口依存度＝进口总额（总量）/国内生产总值（总量）×100%。图 2.15 显示了 2010—2020 年中国水稻进口依存度变化趋势，可以看出中国水稻进口依存度维持在3%以下,总体来看对水稻的进口依存度很低,2010—2020年进口依存度在0～3%浮动。

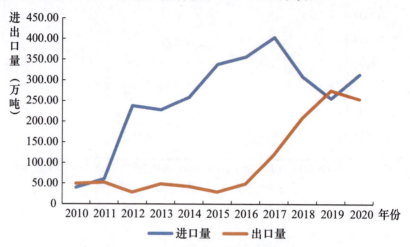

图 2.14　2010—2020 年中国水稻进出口走势

表 2.5　2010—2020 年中国水稻进出口量

(单位:万吨)

年份	2010	2011	2012	2013	2014	2015	2016	2017	2018	2019	2020
进口量	38.82	59.78	236.86	227.11	257.90	337.69	356.00	403.00	308.00	255.00	313.25
出口量	48.77	51.57	27.92	47.85	41.92	28.59	48.45	119.68	208.93	274.76	253.46
净出口量	9.95	-8.21	-208.94	-179.26	-215.98	-309.10	-307.55	-283.32	-99.07	19.76	-59.79

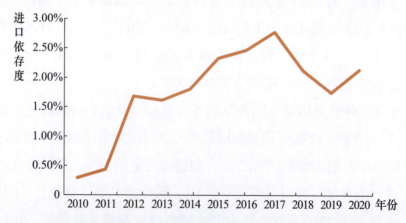

图 2.15　2010—2020 年中国水稻进口依存度变化趋势

2.3.3 中国水稻产业趋势预测

图 2.16 所示为 2021—2029 年中国水稻供需趋势预测，预计在 2021—2029 年中国水稻产业供需将呈现如下几个特点：

（1）水稻种植面积持续下降，预计 2021 年种植面积为 29.55 百万公顷，相较 2020 年的 29.63 百万公顷下降 0.3%，预计 2029 年水稻种植面积为 29.00 百万公顷。

（2）水稻总产量稳中有升，预计产量从 2021 年的 147.51 百万吨上升到 2029 年的 150.64 百万吨。可见，虽然水稻种植面积持续下降，但其单产量却逐年提高，科技的发展使水稻种植面积对水稻产量的影响越来越小。

（3）水稻产量与消费量基本持平，虽然消费量略高于产量，但由于水稻库存充足且库存量保持稳定，整体来看水稻供大于求，可以完全保障人们的消费需求。

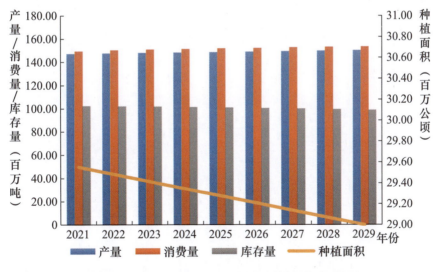

图 2.16　2021—2029 年中国水稻供需趋势预测

图 2.17 所示为 2021—2029 年中国水稻贸易趋势预测，从预测结

果来看，中国水稻贸易在未来较长的一段时间内仍将保持较高的贸易逆差。预计2021—2029年中国水稻进口量维持稳定，2022年出口量将有所下降，之后趋于稳定。

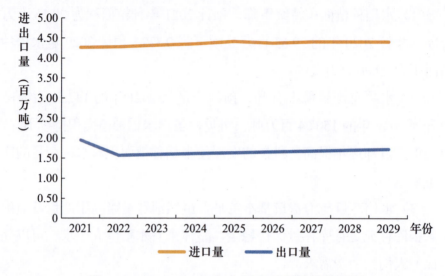

图2.17　2021—2029年中国水稻贸易趋势预测

第 3 章
水稻分子育种全球专利态势分析

▶ 3.1 专利申请趋势

截至 2020 年 9 月 14 日，检索并筛选得到水稻分子育种领域全球专利 10471 项。图 3.1 所示为全球水稻分子育种专利年代趋势。1981—1997 年专利数量较少且增长较慢，自 1998 年起专利数量大幅增长，之后虽伴有阶段性回落，但总体呈现上扬态势。考虑到专利从申请到公开的时滞（最长达 30 个月，其中包括 12 个月的优先权期限和 18 个月的公开期限），2018—2020 年的专利数量与实际不一致，因此不能完全代表这 3 年的申请趋势。

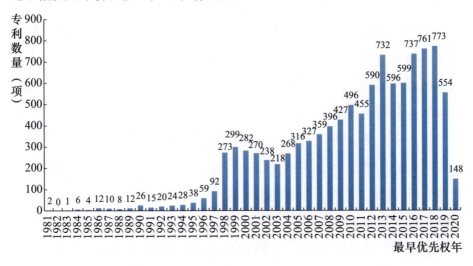

图 3.1　全球水稻分子育种专利年代趋势

全球水稻分子育种相关的最早2项专利出现于1981年，一项是由美国的蒙大拿州立大学申请的US4425150A "Compositions containing and methods of use of an infectivity-cured Hr plasmid-bearing microorganism"，该专利内容与用农杆菌介导法处理水稻等作物的种子相关。另一项是美国的国际植物研究所申请的WO1983001176A1 "Process for the genetic modification of cereals with transformation vectors"，该专利是利用转基因技术为包括水稻在内的多个谷物引入所需的农艺特性。

图3.2所示为全球水稻分子育种专利技术生命周期图，该图以2年作为一个节点绘制，每个节点的专利权人数量为横坐标，专利数量为纵坐标，通过专利权人数量和专利数量的逐年变化关系，揭示全球水稻分子育种专利技术所处的发展阶段。需要特别说明的是，技术生命周期图中的专利权人数量为排除个人后的机构数量。通常意义上，技术生命周期可划分为5个阶段：萌芽期，社会对该技术了解不多，投入意愿低，机构进行技术投入的热情不高，专利数量和专利权人数量都不多；成长期，产业技术有了突破性的进展，或是各个专利权人根据市场估值的判断，投入大量精力进行研发，该阶段专利数量和专利权人数量急剧上升；成熟期，此时除少数专利权人外，大多数专利权人已经不再投入研发力量，也没有新的专利权人愿意进入该市场，此时的专利数量及专利权人数量增加的趋势逐渐缓慢；衰退期，产业技术研发或是因为遇到技术瓶颈难以突破，或是因为产业发展已经过于成熟而趋于停滞，专利数量及专利权人数量逐步减少；恢复期，随着技术的革新与发展，原有的技术瓶颈得到突破，之后带来新一轮的专利数量的增加。

从图3.2中可以看出，全球水稻分子育种技术从1981年有专利申请，经历了较长的萌芽期（1981—1996年），随后进入初步成长期

（1997—2000 年），之后该领域迎来了一次短暂的衰退期（2001—2004 年），在突破技术瓶颈后，从 2005 年至今处于迅速成长期，专利数量与专利权人数量增长较快。2019—2020 年的专利数量数据不完整，所以其曲线上的回落不代表技术衰退。

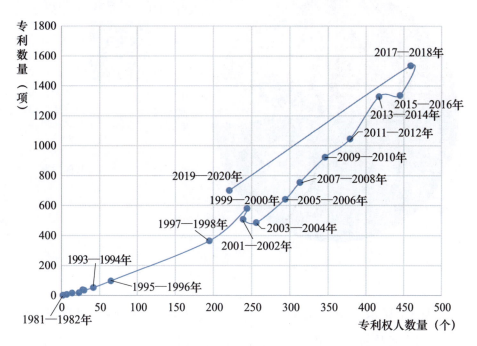

图 3.2　全球水稻分子育种专利技术生命周期图

3.2　全球专利地域分析

3.2.1　全球专利来源国家/地区分析

图 3.3 所示为全球水稻分子育种专利主要来源国家/地区分布，专利主要来源国家/地区在一定程度上反映了技术的来源地。从图 3.3 中可以看出，专利数量排名 TOP5 的国家/地区依次是：中国、美国、韩国、日本、欧洲。其中，中国为水稻分子育种专利的主要来源国家，专利数量为 5261 项，占全部专利的 50.24%。美国

专利数量为 3060 项，占全部专利的 29.22%。其他国家/地区专利数量占比非常低。

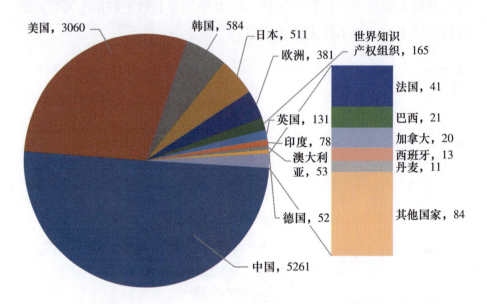

图 3.3　全球水稻分子育种专利主要来源国家/地区分布（单位：项）

表 3.1 显示了全球水稻分子育种主要专利来源国家/地区活跃机构、活跃度及技术分布。可以看出，中国和韩国在该领域的研发活动起步晚于美国、日本和欧洲，但中国 2018—2020 年的活跃度很高，全部的 5261 项专利中，有 25% 的专利是这段时间申请的，主要的专利申请机构包括浙江大学、中国农业科学院作物科学研究所、华中农业大学，主要技术应用包括转基因技术、高产和分子标记辅助选择。美国是水稻分子育种领域专利数量 TOP5 的国家中最早申请专利的国家，其中杜邦公司的专利数量为 708 项，占美国全部专利数量的 23.14%，可见该公司的技术实力较为雄厚。美国相关专利主要技术应用包括转基因技术、高产和抗虫。韩国、日本和欧洲在该领域的专利主要与转基因技术相关。

第 3 章　水稻分子育种全球专利态势分析

表 3.1　全球水稻分子育种主要专利来源国家/地区活跃机构、活跃度及技术分布

国家/地区	专利数量（项）	活跃机构	年代跨度（年）	2018—2020年专利数量占比	主要技术应用分布（项）
中国	5261	浙江大学 [223]; 中国农业科学院作物科学研究所 [218]; 华中农业大学 [208]	1990—2020	25%	转基因技术 [2603]; 高产 [1731]; 分子标记辅助选择 [1104]
美国	3060	杜邦公司 [708]; 孟山都公司 [343]	1981—2019	2%	转基因技术 [2615]; 高产 [835]; 抗虫 [826]
韩国	584	美国农业部农村发展署 [163]; 庆熙大学 [73]	1993—2020	7%	转基因技术 [429]; 抗非生物逆境 [163]; 抗病 [109]
日本	511	DOKURITSU GYOSEI HOJIN NOGYO SEIBUTSU SH [140]; 国立农业生物资源研究所 [54]	1986—2019	2%	转基因技术 [277]; 抗病 [121]; 高产 [105]
欧洲	381	巴斯夫公司 [145]; 拜耳作物科学 [58]	1986—2019	1%	转基因技术 [355]; 高产 [193]; 载体构建 [102]

3.2.2　全球专利受理国家/地区分析

对一般企业和研究机构而言，专利会优先选择在本国申请，一些竞争力强、技术保护意识好的企业为了保持自己在市场上的主导地位，构建目标区域专利壁垒或有意愿全面开拓目标市场并增强知识产权防御能力，就会考虑在国外开展专利布局。因此，一个国家/地区的专利受理情况，在某种程度上反映了技术的流向，也反映出其他国家对该国市场的重视程度。

将水稻分子育种领域全球 10471 项专利家族展开后得到 30479

件同族专利。图3.4显示了全球水稻分子育种领域30479件同族专利的受理国家/地区情况。其中，中国受理的专利6809件，约占全球水稻分子育种专利总量的22.34%，是全球最受重视的技术市场；在美国受理的专利有5325件，约占全球水稻分子育种专利总量的17.47%。

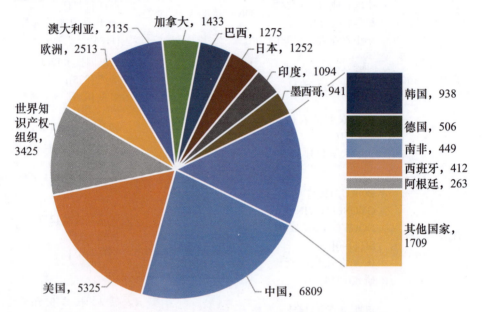

图3.4 全球水稻分子育种专利受理国家/地区情况（单位：件）

3.2.3 全球专利技术流向

借助技术起源地（专利最早优先权国家/地区）与技术扩散地（专利受理国家/地区）之间的关系，可以探讨专利数量排名TOP4的国家间的技术流向特点。全球水稻分子育种专利TOP4国家技术流向如图3.5所示，可以看出，美国、韩国和日本输出的专利比例都较高，共有10%～25%的专利流向其他3个国家，唯独中国输出的专利最少，仅在美国、韩国和日本申请了全部专利数量的2.29%。日本虽然专利总量排名第四，但日本尤其重视在美国、中国和韩国的专利布局，其在这3个国家申请的专利数量占比很高。

值得注意的是，图3.5显示了专利家族展开同族前后的专利项数和件数，中国专利共5261项/5904件，美国专利共3060项/15342件，可以看出，平均每项美国专利家族拥有的同族专利数量为中国专利家族的5倍左右，说明美国专利在技术分布、地域布局等方面比中国专利考虑得更加全面和细致。

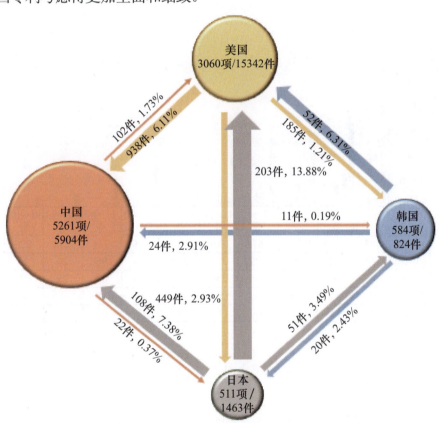

图3.5 全球水稻分子育种专利TOP4国家技术流向

3.2.4 主要国家/地区专利质量对比

图3.6是水稻分子育种专利TOP5国家/地区专利质量对比，图中专利强度区间所列的分值为从Innography数据库中获取到的专利强

度区间信息。从 Innography 数据库获取到有专利强度值的美国专利共 12026 件，中国专利 5813 件，欧洲专利 2351 件，日本专利 1242 件，韩国专利 571 件。其中，美国 60 分及以上专利共 1892 件，占其全部专利（15342 件）的 12.33%，中国 60 分及以上专利仅 333 件，占其全部专利（5904 件）的 5.64%。由此可见，美国高分专利占比更高，专利质量更高。

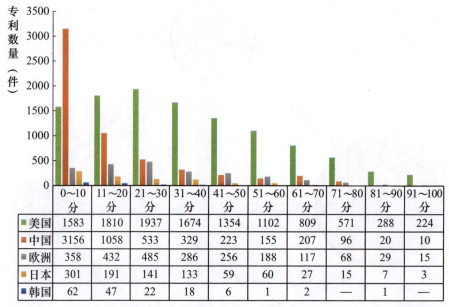

图 3.6　水稻分子育种专利 TOP5 国家 / 地区专利质量对比

3.3　全球专利技术和应用分析

3.3.1　全球专利技术分布

图 3.7 所示为全球水稻分子育种专利技术分布，可以看出，转基因技术相关专利数量最多，共 6821 项，是目前研究最为热门和成熟

的技术；专利数量排名第二的技术分类为载体构建，相关专利1892项；排名第三和第四的技术分类分别为分子标记辅助选择和基因编辑，相关专利分别为1494项和528项。单倍体育种相关的专利目前最少，共179项。

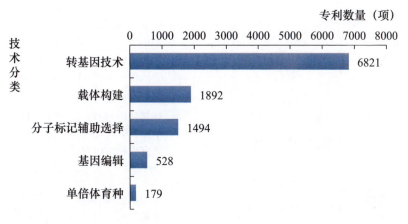

图 3.7　全球水稻分子育种专利技术分布

表 3.2 所示为全球水稻分子育种专利技术详细分析，可以看出，转基因技术、载体构建、单倍体育种相关专利研究发展较早，均始于20 世纪 80 年代，分子标记辅助选择和基因编辑起步相对较晚。结合各技术分类专利数量和 2018—2020 年专利数量占比，可推测分子标记辅助选择和基因编辑是水稻分子育种近些年新兴发展的技术领域，值得重点关注。

表 3.2　全球水稻分子育种专利技术详细分析

排名	应用分类	专利数量（项）	年代跨度（年）	2018—2020年专利数量占比	主要产业主体专利数量（项）	主要国家/地区专利数量（项）
1	转基因技术	6821	1981—2020	10%	杜邦公司 [654]；孟山都公司 [300]；巴斯夫公司 [299]	美国 [2615]；中国 [2603]；韩国 [429]

(续表)

排名	应用分类	专利数量（项）	年代跨度（年）	2018—2020年专利数量占比	主要产业主体专利数量（项）	主要国家/地区专利数量（项）
2	载体构建	1892	1984—2020	10%	杜邦公司 [176]；巴斯夫公司 [108]；浙江大学 [75]	中国 [732]；美国 [706]；韩国 [109]
3	分子标记辅助选择	1494	1996—2020	26%	中国水稻研究所 [90]；杜邦公司 [67]；中国种子集团有限公司 [53]	中国 [1104]；美国 [188]；欧洲 [64]
4	基因编辑	528	2000—2020	46%	杜邦公司 [53]；中国科学院遗传与发育生物学研究所 [28]	中国 [353]；美国 [134]；世界知识产权组织 [12]
5	单倍体育种	179	1984—2020	12%	孟山都公司 [44]；杜邦公司 [12]	美国 [92]；中国 [70]；欧洲 [4]

从各技术分类的主要产业主体可看出，杜邦公司、孟山都公司、巴斯夫公司是水稻分子育种领域主要技术分类的产业主体，不但专利数量多，而且涉及技术分类广，整体专利申请实力强。中国水稻研究所在分子标记辅助选择领域的专利数量最多，超过杜邦公司。从主要国家/地区专利数量一列可以看出，中国是水稻分子育种领域载体构建、分子标记辅助选择和基因编辑相关专利的主要来源国家，美国在转基因技术、单倍体育种两个技术分类的相关专利数量超过中国。

分析各技术分类的年度专利数量，可以看出全球水稻分子育种领域各类技术的发展趋势和走向。图3.8列出了1981—2020年全球水稻分子育种各技术分类年度专利数量，可以看出，转基因技术起源最早，其次为载体构建和单倍体育种，分子标记辅助选择和基因编辑起步较晚，第一项相关专利分别于1996年和2000年申请。基

第3章 水稻分子育种全球专利态势分析

图3.8 1981—2020年全球水稻分子育种各技术分类年度专利数量（单位：项）

因编辑相关专利申请不连续，2007 年以前发展较慢，2016 年以后发展迅速，专利数量增长明显。转基因技术从 1998 年至今持续有大量相关专利申请，可见该领域为目前的研究重点并且应用范围广阔。

3.3.2　全球专利技术主题聚类

图 3.9 显示了全球水稻分子育种专利技术主题聚类，该主题聚类是基于全球水稻分子育种的技术相关专利题名、摘要在 DI 数据库中利用 ThemeScape 专利地图功能进行的技术主题聚类。该主题聚类将相似的主题记录进行分组，根据主题文献密度大小形成体积不等的山峰，山峰高度代表文献记录的密度，山峰之间的距离代表区域中文献记录的关系，距离越近则内容越相似。

通过对全球水稻分子育种技术专利的文本挖掘和聚类，发现抗压（Stress-Related）、抗虫（Insecticidal）、产量（Yield-Related）为研究最多的应用领域，在技术领域，特定碱基对序列（Specific Base Pair Sequence）、表达序列标签（Expression Sequence Label）、分子标记（Molecular-Marker）、多位点接头（Polylinker）、回文序列（Palindromic）、核苷酸序列（Nucleotide Sequence）都是主要的技术聚焦点。

3.3.3　全球专利应用分布

图 3.10 所示为全球水稻分子育种专利应用分布，可以看出，高产领域相关专利数量最多，共 3060 项，是目前水稻分子育种专利应用最广泛的领域；专利数量排名第二的应用分类为抗非生物逆境，相关专利 2218 项；排名第三和第四的应用分类分别为抗病和抗虫，营养高效领域专利数量最少，仅 395 项，该应用领域作为目前的专利申请空白，可重点关注。

第 3 章 水稻分子育种全球专利态势分析

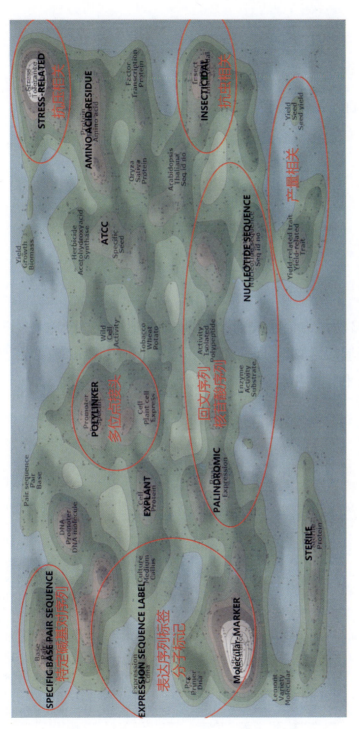

图 3.9 全球水稻分子育种专利技术主题聚类

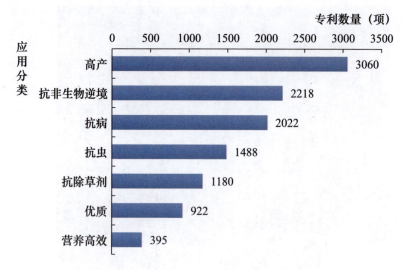

图 3.10 全球水稻分子育种专利应用分布

表 3.3 所示为全球水稻分子育种专利应用详细分析,可以看出,各应用领域的相关专利研究都较早,均始于 20 世纪 80 年代,2018—2020 年专利数量占比较高的领域包括抗病、优质和高产。

表 3.3 全球水稻分子育种专利应用详细分析

排名	应用分类	专利数量(项)	年代跨度(年)	2018—2020年专利数量占比	主要产业主体专利数量(项)	主要国家/地区专利数量(项)
1	高产	3060	1985—2020	16%	杜邦公司 [188]; 巴斯夫公司 [155]; 孟山都公司 [119]	中国 [1731]; 美国 [835]; 欧洲 [193]
2	抗非生物逆境	2218	1981—2020	12%	杜邦公司 [167]; 孟山都公司 [131]; 巴斯夫公司 [106]	中国 [897]; 美国 [819]; 韩国 [163]
3	抗病	2022	1985—2020	17%	杜邦公司 [104]; 孟山都公司 [86]; 华中农业大学 [46]	中国 [1091]; 美国 [574]; 日本 [121]
4	抗虫	1488	1986—2020	9%	杜邦公司 [201]; 孟山都公司 [137]; 先正达集团 [72]	美国 [826]; 中国 [449]; 欧洲 [44]

（续表）

排名	应用分类	专利数量（项）	年代跨度（年）	2018—2020年专利数量占比	主要产业主体专利数量（项）	主要国家/地区专利数量（项）
5	抗除草剂	1180	1981—2020	7%	孟山都公司 [176]；杜邦公司 [109]；陶氏化学 [73]	美国 [790]；中国 [238]；欧洲 [32]
6	优质	922	1981—2020	17%	陶氏化学 [49]；杜邦公司 [38]；孟山都公司 [32]	中国 [537]；美国 [236]；韩国 [43]
7	营养高效	395	1986—2020	9%	杜邦公司 [79]；孟山都公司 [61]；陶氏化学 [49]	美国 [269]；中国 [73]；欧洲 [25]

从各应用分类的主要产业主体可以看出，杜邦公司、孟山都公司和巴斯夫公司是水稻分子育种领域主要应用分类的产业主体，尤其是杜邦公司，在高产、抗非生物逆境、抗病、抗虫和营养高效领域的专利数量都是最多的，孟山都公司在抗除草剂领域的相关专利数量较多，陶氏化学在优质领域的相关专利数量较多。从主要国家/地区专利数量一列可以看出，美国是抗虫、抗除草剂和营养高效领域相关专利的主要来源国家，高产、抗非生物逆境、抗病和优质领域的专利则都主要来源于中国。

分析各应用分类的年度专利数量，可以看出全球水稻分子育种领域各类应用的发展趋势和走向。图 3.11 和图 3.12 列出了 1981—2020 年全球水稻分子育种各应用分类年度专利数量。从图 3.11 和图 3.12 中可以看出，抗非生物逆境、抗除草剂和优质领域相关专利申请最早，但抗非生物逆境和优质领域相关专利申请不连续，发展较慢，抗除草剂相关专利自 1984 年至今持续有申请，且专利数量稳定，说明抗除草剂领域相关研发较为成熟。高产领域相关专利起步较晚，但近十年的专利数量较多，可推测该应用领域近十年研究和进展都比较

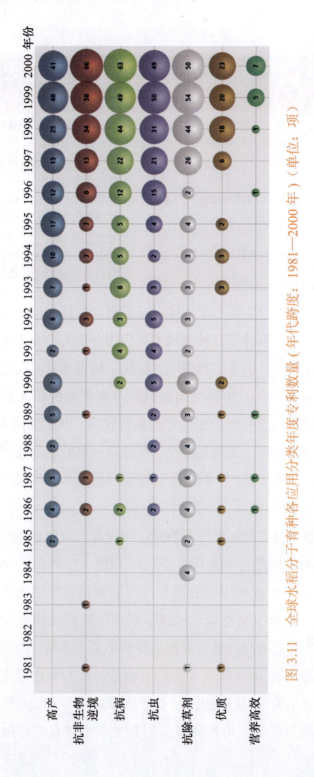

图 3.11 全球水稻分子育种各应用分类年度专利数量（年代跨度：1981—2000 年）（单位：项）

第 3 章 水稻分子育种全球专利态势分析

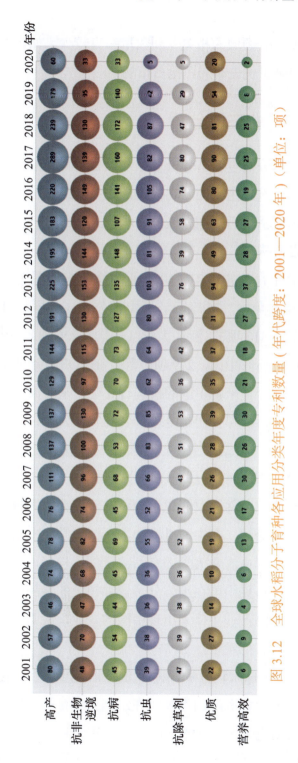

图 3.12 全球水稻分子育种各应用分类年度专利数量（年代跨度：2001—2020 年）（单位：项）

快。此外，营养高效领域的相关专利数量一直较少，如在这个领域的研究发展有所突破可优先布局，抢占市场。

3.4 主要产业主体分析

主要产业主体分析主要是分析全球水稻分子育种领域专利权人的专利产出数量，遴选出主要的专利权人，作为后续多维组合分析、评价的基础，通过对清洗后专利家族的专利权人进行分析，可以了解该领域的主要研发机构。

全球水稻分子育种领域TOP10产业主体分布如图3.13所示，具体包括杜邦公司（美国，754项）、孟山都公司（美国，348项）、巴斯夫公司（德国，317项）、浙江大学（中国，226项）、中国农业科学院作物科学研究所（中国，219项）等。在TOP10产业主体中，来自美国的机构有3个，来自中国的机构有5个，来自德国和瑞士的机构各有1个。其中，杜邦公司是全球知名的农业公司，在全球玉米和油菜分子育种专利分析结果中，杜邦公司的专利数量也是排名第一的。孟山都公司于2018年6月被拜耳公司收购，由于收购时间较短，且孟山都公司历史悠久并在农业化学领域有着较大的影响力，此次仍作为独立机构进行分析。在中国机构中，浙江大学、中国农业科学院作物科学研究所和华中农业大学的专利数量都比较多，另外2个机构也都是科研院所，可见中国在水稻分子育种领域的专利申请还集中在科研机构中，TOP10产业主体未出现中国的企业，说明中国在本领域的产业化较少，还有待发展。

表3.4列出了全球水稻分子育种TOP10产业主体活跃度和主要技术应用特长。杜邦公司和孟山都公司在水稻分子育种领域的研究起步都很早，相关专利分别始于1986年和1985年，且至今一直有专利产

出，杜邦公司主要涉及转基因技术、载体构建、分子标记辅助选择和抗虫、高产、抗非生物逆境等，孟山都公司主要涉及转基因技术、单倍体育种、载体构建和抗除草剂、抗虫、抗非生物逆境等。浙江大学在本领域起步较晚，相关专利始于 2000 年，但发展迅速，近几年活跃度很高，2018—2020 年的专利数量占其全部专利的 18%，主要涉及转基因技术、载体构建、分子标记辅助选择和高产、抗虫、抗病领域。中国农业科学院作物科学研究所的专利申请年代跨度为 2008—2020 年，且 2018—2020 年的专利数量占比高达 30%，可见该研究所 2018—2020 年的研发力量投入和研究成果都非常突出，专利活跃度非常高，相关专利主要涉及转基因技术、分子标记辅助选择、基因编辑和高产、抗非生物逆境、抗病领域。华中农业大学和中国水稻研究所 2018—2020 年的专利数量占比分别为 20% 和 40%，近几年专利活跃度也非常高。

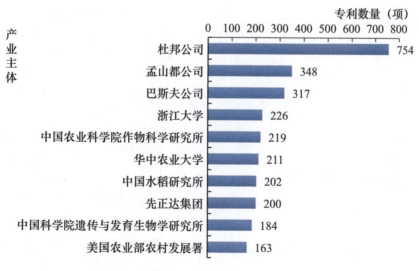

图 3.13　全球水稻分子育种领域 TOP10 产业主体分布

表 3.4 全球水稻分子育种 TOP10 产业主体活跃度和主要技术应用特长

排名	产业主体	专利数量（项）	年代跨度（年）	2018—2020年专利数量占比	主要技术专利数量分布（项）	主要应用专利数量分布（项）
1	杜邦公司	754	1986—2018	3%	转基因技术[654]；载体构建[176]；分子标记辅助选择[67]	抗虫[201]；高产[188]；抗非生物逆境[167]
2	孟山都公司	348	1985—2019	3%	转基因技术[300]；单倍体育种[44]；载体构建[38]	抗除草剂[176]；抗虫[137]；抗非生物逆境[131]
3	巴斯夫公司	317	1996—2018	2%	转基因技术[299]；载体构建[108]；分子标记辅助选择[46]	高产[155]；抗非生物逆境[106]；抗除草剂[56]
4	浙江大学	226	2000—2020	18%	转基因技术[147]；载体构建[75]；分子标记辅助选择[53]	高产[78]；抗虫[39]；抗病[26]
5	中国农业科学院作物科学研究所	219	2008—2020	30%	转基因技术[162]；分子标记辅助选择[36]；基因编辑[25]	高产[69]；抗非生物逆境[43]；抗病[40]
6	华中农业大学	211	1999—2020	20%	转基因技术[103]；载体构建[32]；分子标记辅助选择[29]	高产[70]；抗病[46]；抗非生物逆境[42]
7	中国水稻研究所	202	1994—2019	40%	分子标记辅助选择[90]；转基因技术[65]；基因编辑[11]	高产[76]；抗病[34]；优质[16]
8	先正达集团	200	1991—2019	9%	转基因技术[162]；载体构建[50]；分子标记辅助选择[18]	抗虫[72]；抗非生物逆境[53]；抗除草剂[50]

(续表)

排名	产业主体	专利数量（项）	年代跨度（年）	2018—2020年专利数量占比	主要技术专利数量分布（项）	主要应用专利数量分布（项）
9	中国科学院遗传与发育生物学研究所	184	2002—2020	11%	转基因技术 [154]; 基因编辑 [28]; 分子标记辅助选择 [19]	高产 [65]; 抗非生物逆境 [28]; 抗病 [27]
10	美国农业部农村发展署	163	1993—2018	4%	转基因技术 [105]; 载体构建 [30]; 分子标记辅助选择 [17]	抗病 [41]; 抗非生物逆境 [24]; 高产 [20]

3.4.1 主要产业主体的专利申请趋势

图 3.14 列出了 1985—2020 年全球水稻分子育种 TOP5 产业主体年度专利数量，从中可以看出本领域主要机构的专利申请起步时间和发展趋势。

杜邦公司于 1986 年开始申请水稻分子育种相关专利 3 项，分别为 EP257993A2 "New nucleic acid fragment coding for mutant aceto-lactate synthetase resistant to sulphonyl-urea herbicides, and transformed resistant crop plants"、EP730030A1 "Prodn. of herbicide-resistant plants using a nucleic acid fragment encoding an aceto:lactate synthase resistant to herbicides such as sulphonyl:urea" 和 US5141870A "Conferring herbicide resistance on plants using a nucleic acid fragment encoding a herbicide-resistant plant aceto:lactate synthase protein"，这 3 项专利均与抗除草剂有关，1986—1995 年杜邦公司专利申请不连续、数量少，1998 年达到了专利数量高峰，2015 年至今专利数量降低，说明 2015 年以后杜邦公司在本领域的专利布局有所减少。

孟山都公司自 1985 年起有 2 项专利申请，分别为 EP218571A2

图 3.14 1985—2020 年全球水稻分子育种 TOP5 产业主体年度专利数量（单位：项）

"Glyphosate-resistant plants prepd. by inserting gene encoding 5-enol pyruvyl shikimate-3-phosphate synthase polypeptide"和US5188642A "Selective weed control by transforming crops with chimeric gene contg. 5-enol: pyruvyl: shikimate-3-phosphate synthase gene, conferring glyphosate resistance",这2项专利和抗除草剂、优质有关,1985—1997年孟山都公司在本领域的专利申请不连续、数量较少,1998—2016年专利数量稍有增长和浮动,2019年以后专利数量极少,说明孟山都公司近几年也减少了在水稻分子育种领域的专利布局。

巴斯夫公司在TOP5产业主体中起步较晚,但发展迅速,1996年开始申请第一项相关专利DE19644478A1 "Leaf-specific plant promoter for leaf-specific gene expression in transgenic plants",该专利与水稻转基因技术和载体构建相关。2000—2013年,巴斯夫公司在本领域的专利申请连续而且数量很多,2014年以后专利数量下降明显,可推测巴斯夫公司已逐渐脱离水稻分子育种市场,布局其他领域。

浙江大学自2000年开始申请第一项相关专利CN1318286A "杂交稻抗螟Bt不育系与Bt恢复系的选育方法"后,2001年迅速发展,专利数量达48项,此后直至2020年一直有相关专利申请,专利数量虽然波动但整体处于较高水平,说明浙江大学是中国研究水稻分子育种的主要研究机构,且该校对本领域的研究热度持续不减。

中国农业科学院作物科学研究所在TOP5产业主体中起步最晚,于2008年开始申请相关专利4项,与抗非生物逆境和转基因技术相关。2008年至今该研究所持续有专利产出,且2013年的年度专利数量高达64项,远超其他产业主体。总体来看,中国的两个产业主体是2015—2020年水稻分子育种领域的主要专利申请人,研究热度很高。

3.4.2 主要产业主体的专利布局

图3.15所示为全球水稻分子育种TOP5产业主体的专利布局。图

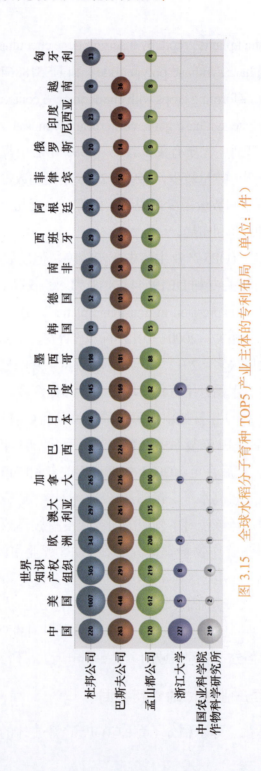

图3.15 全球水稻分子育种TOP5产业主体的专利布局（单位：件）

中横坐标轴为各产业主体在各国家/地区的专利数量（件），纵坐标轴为 TOP5 产业主体。

从图 3.15 中可以看出，杜邦公司、巴斯夫公司和孟山都公司的专利布局非常广泛，布局国家/地区超过 10 个，其主要布局国家/地区包括美国、世界知识产权组织、欧洲、澳大利亚、加拿大、中国等，反映出这几家大型公司完善的专利布局战略。浙江大学和中国农业科学院作物科学研究所的专利绝大部分在中国申请，但相较于油菜分子育种领域而言，这两家科研机构的专利布局意识有所增强，已开始在其他国家/地区进行专利布局，虽然数量不多，但布局国家/地区较广，包括世界知识产权组织、美国、印度等，说明中国科研机构的全球专利布局意识正在逐步增强。

3.4.3　主要产业主体的专利技术分析

主要产业主体技术对比分析是对主要产业主体投资的技术领域进行对比分析，深入了解产业主体的专利布局情况，透析各产业主体的技术核心。图 3.16 所示为全球水稻分子育种专利 TOP5 产业主体技术分布，这 5 个产业主体所涉及的技术包括 5 个方向，从图 3.16 中可以详细看出各产业主体的技术分布、不同的技术侧重点及特长。各项技术中，TOP5 产业主体在转基因技术领域的专利数量都是最多的，可见转基因技术是各产业主体的研究和专利布局重点。载体构建领域，专利数量较多的有杜邦公司、巴斯夫公司和浙江大学。分子标记辅助选择领域，专利数量较多的有杜邦公司、浙江大学和巴斯夫公司。单倍体育种领域，专利数量最多的是孟山都公司，中国农业科学院作物科学研究所相关专利仅 1 项，巴斯夫公司没有该领域的专利申请。

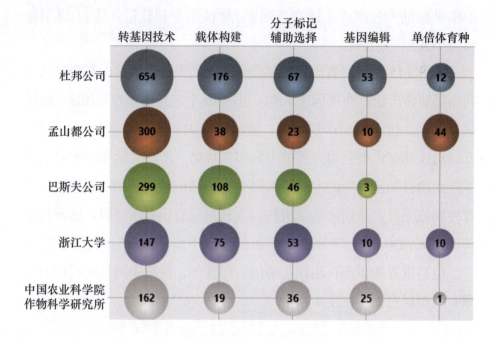

图 3.16 全球水稻分子育种专利 TOP5 产业主体技术分布（单位：项）

3.5 高质量专利态势分析

本次检索到的全部水稻分子育种专利中，TOP10% 的专利强度在 60 分以上，故本书定义 Innography 专利强度≥60 分的专利为高质量专利。本节针对全球水稻分子育种专利中，专利强度≥60 分的 2729 件高质量专利进行分析。

3.5.1 全球高质量专利申请趋势

1985—2019 年全球水稻分子育种高质量专利申请趋势如图 3.17 所示，1985 年最早申请的 2 件高质量专利之一是 MGI Pharma 公司的抗除草剂相关专利 CA1341465C "Plants, plant tissues and seed resistant to herbicide inhibition are obtd. by using gene coding for altered aceto-hydroxy acid synthetase",专利强度区间为 80～90 分。另一件最早的高质量专利是 Grace Brothers 公司的转基因技术相关专利 US5180873A "Transformation of plants to produce plants contg. marker closely linked to male sterile locus",专利强度区间为 80～90 分,这 2 件专利目前均已失效。高质量专利的申请高峰出现在 2007 年和 2010 年,2007 年的高质量专利主要来自孟山都公司、巴斯夫公司、Verenium 公司等,2010 年的高质量专利主要来自巴斯夫公司、孟山都公司、杜邦公司等。

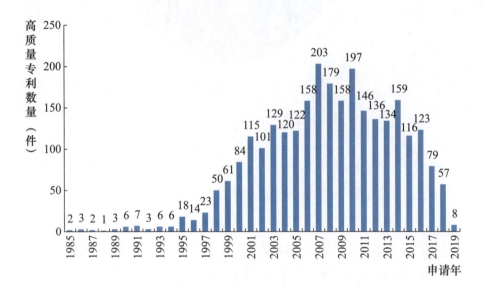

图 3.17 1985—2019 年全球水稻分子育种高质量专利申请趋势

3.5.2 高质量专利国家/地区分布

从图 3.18 中可以看出,全球水稻分子育种高质量专利主要来源于以下国家/地区:美国(1892 件)、中国(333 件)、欧洲(229 件)、英国(84 件),可以看出绝大部分高质量专利来源于美国,占比高达 69%。

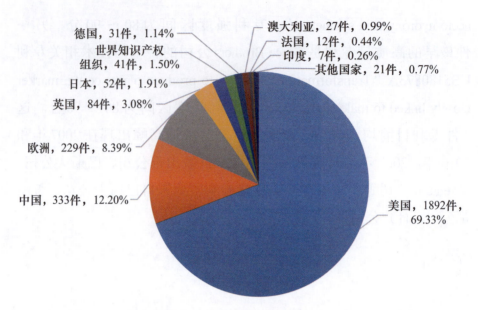

图 3.18　全球水稻分子育种高质量专利来源国家/地区分布

3.5.3　高质量专利主要产业主体分析

水稻分子育种高质量专利 TOP10 产业主体分布如图 3.19 所示，可以看出，孟山都公司的高质量专利数量最多，其次为杜邦公司和巴斯夫公司。TOP10 产业主体共申请高质量专利 1394 件，占全部高质量专利的 51.08%，可见本领域的高质量专利并未掌握在少部分机构手中，非 TOP10 产业主体的高质量专利总量接近 50%。

水稻分子育种高质量专利主要产业主体申请趋势如图 3.20 和图 3.21 所示，孟山都公司自 1990 年起持续有高质量专利产出，且 2001—2010 年的年度高质量专利数量基本都在 20 件以上。巴斯夫公司的高质量专利申请高峰阶段为 2007—2010 年，2010 年的高质量专利数量高达 41 件。杜邦公司 1997—2019 年持续有本领域的高质量专利产出，年度高质量专利数量整体稳定在 10～20 件，稍有波动。Verenium 公司和 Diversa 公司 2004 年的高质量专利数量都很多，分别为21件和20件，此外Verenium公司2007年也申请了27件高质量专利，但近年来其高质量专利数量明显减少。

图3.19 水稻分子育种高质量专利TOP10产业主体分布

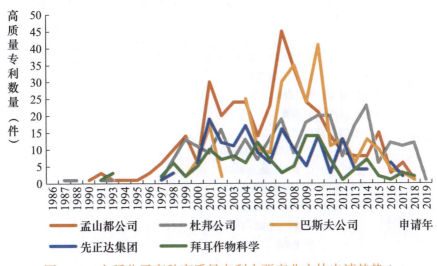

图3.20 水稻分子育种高质量专利主要产业主体申请趋势1

注：由于1989年和1992年的数据为0，因此未在坐标轴上体现1989年和1992年。

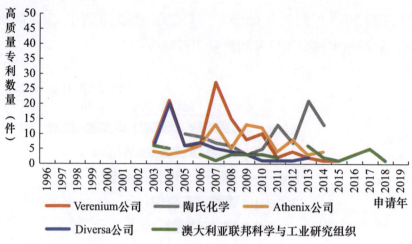

图 3.21　水稻分子育种高质量专利主要产业主体申请趋势 2

3.5.4　高质量专利主要技术分布

分析高质量专利的技术和应用分布，可以掌握目前本领域内的高质量专利布局侧重点，以寻求高质量专利涉及较少的技术或应用领域进行突破。从图 3.22 中可以看出，水稻分子育种领域的高质量专利目前主要涉及转基因技术、载体构建和高产、抗虫、抗除草剂和抗非生物逆境特性，在单倍体育种和营养高效领域的高质量专利数量相对较少。

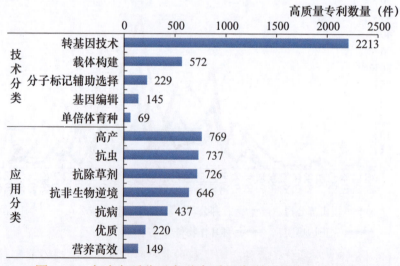

图 3.22　全球水稻分子育种高质量专利的技术和应用分布

3.6 专利新兴技术预测

3.6.1 方法论

佐治亚理工大学 Alan Porter 教授和他的研究团队一直致力于技术预见领域的研究，历经十余年开发的 Emergence Indicators 算法可以较好地呈现某一项技术领域的新兴研究方向及人员、机构、国家/地区的参与情况。该算法通过文献计量学的手段对文献标题和摘要的主题词进行分析和挖掘，从 Novelty（新颖性）、Persistence（持久性）、Growth（成长性）和 Community（研究群体参与度）对 Emergence Indicators 进行计算，并且可以应用于专利和科技文献之中。该算法可以很好地帮助决策者了解新兴研究方向在技术生命周期中所处的位置，以便在它达到拐点或成熟期前就可以识别出来，进行研发布局和战略选择。

3.6.2 新兴技术遴选

基于全球水稻分子育种领域涉及的全部专利共 10479 项，经过德温特世界专利索引（Derwent World Patents Index®，DWPI）自然语言处理后共得到 188041 个主题词组，经过 Emergence Indicators 算法计算后遴选出 101 个主题词，在排除没有意义的虚词，并经领域专家筛选后，选定了 20 个可以反映水稻分子育种领域新兴技术趋势的主题词，如表 3.5 所示。

表 3.5 全球水稻分子育种领域新兴技术趋势的主题词

排序	专利数量（项）	主题词（英文）	创新性得分（分）
1	70	biological material	22.295
2	73	recipient plant	11.867

(续表)

排序	专利数量（项）	主题词（英文）	创新性得分（分）
3	39	C-terminus	10.829
4	43	N-terminus	10.67
5	52	recombinant microorganism	7.781
6	44	TAG	7.025
7	17	multiple amino acid residues	6.802
8	14	80% homology	6.352
9	19	overexpression vector	5.874
10	8	thousand-grain weight	5.812
11	17	Cas9 nuclease	5.726
12	42	rice quality	5.502
13	55	hybrid seeds	5.344
14	18	transgenic plant cell line	5.264
15	11	comprehensive traits	4.748
16	9	5-Carboxyfluorescein	4.623
17	15	genetic breeding	4.388
18	10	b) fusion protein	4.196
19	7	microplate reader	4.169
20	14	genetic resources	4.047

从表 3.5 中可以看出，水稻分子育种技术领域的新兴技术点集中在生物材料（biological material）、受体植物（recipient plant）、C 末端（C-terminus）、N 末端（N-terminus）、重组微生物（recombinant microorganism）等。

3.6.3 新兴技术来源国家/地区分布

全球水稻分子育种领域遴选出的 395 项新兴技术相关专利分布于 11 个国家/地区，具体如图 3.23 所示，可以看出，中国是水稻分子育种领域拥有新兴技术专利数量最多且创新性得分最高的国家，其专利数量为 302 项，创新性得分为 53 分；美国排名第二，专利数量为 50 项，创新性得分为 6.3 分；英国排名第三，专利数量为 17 项，创新性得分为 6.7 分。

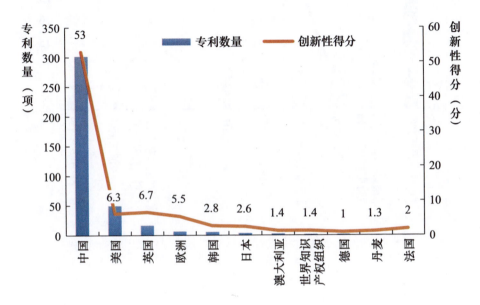

图 3.23　全球水稻分子育种领域新兴技术来源国家／地区

3.6.4　新兴技术主要产业主体分析

全球水稻分子育种领域新兴技术 TOP10 产业主体如图 3.24 所示，可以看出，中国水稻研究所新兴技术相关专利数量最多，为 66 项，创新性得分为 36.9 分，排名均为第一。中国科学院遗传与发育生物学研究所新兴技术相关专利数量排名第二，为 19 项；创新性得分为 16.9 分，排名第三。巴斯夫公司新兴技术相关专利数量排名第三，为 17 项；创新性得分为 6.1 分，排名第七。北京市农林科学院新兴技术相关专利数量排名第四，为 16 项；但创新性得分为 28.3 分，排名第二。

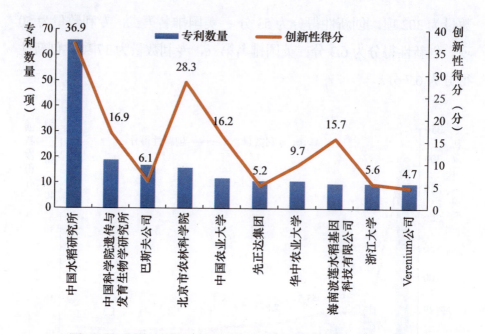

图 3.24 全球水稻分子育种领域新兴技术 TOP10 产业主体

第 4 章
水稻分子育种全球主要产业主体竞争力分析

为了进一步了解水稻分子育种领域全球主要产业主体的竞争格局和竞争力对比情况，本章选取最早优先权年范围为 2010—2020 年，专利数量排名 TOP10 的产业主体作为分析对象，从专利数量、申请趋势、授权保护、专利运营、专利质量、专利核心技术发展路线等维度进行产业主体竞争力分析。

▶ 4.1 主要产业主体专利数量及趋势对比分析

水稻分子育种领域 2010—2020 年共申请专利 6441 项，专利数量排名 TOP10 的产业主体共申请专利 1577 项。图 4.1 所示为 2010—2020 年全球水稻分子育种主要产业主体分布，其中，中国机构 7 个、美国机构 2 个、德国机构 1 个。美国的杜邦公司不但专利总量排名第一，2010—2020 年专利数量仍排名第一，共 224 项。中国机构中专利数量排名第一的是中国农业科学院作物科学研究所，2010—2020 年专利数量为 210 项，排名第二。

图 4.2 所示为 2010—2020 年全球水稻分子育种主要产业主体的专利年代趋势，整体来看各产业主体的专利申请都较为连续，但有明显的数量波动。根据目前的统计数据，杜邦公司、巴斯夫公司和美国农业部农村发展署 2019 年和 2020 年都没有相关专利申请，中国水稻研究所 2020 年没有相关专利申请，而其他 6 个中国机构在 2010—

2020年持续有本领域的专利申请。

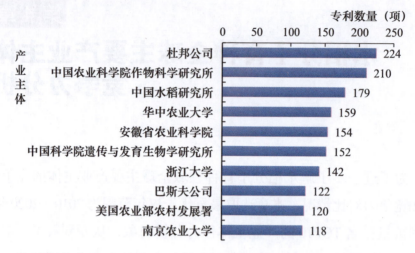

图 4.1　2010—2020 年全球水稻分子育种主要产业主体分布

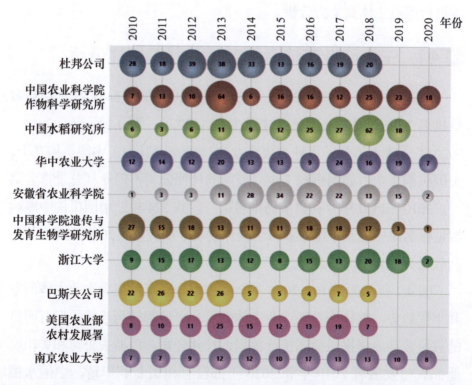

图 4.2　2010—2020 年全球水稻分子育种主要产业主体的专利年代趋势（单位：项）

中国农业科学院作物科学研究所的专利高峰出现在 2013 年，单年专利数量 64 项，自 2014 年起专利数量有所减少，2018—2020 年又有回升的趋势。中国水稻研究所 2018 年的专利数量最多，共 62 项，也是当年在水稻分子育种领域专利数量最多的产业主体。华中农业大学、安徽省农业科学院、中国科学院遗传与发育生物学研究所、浙江大学、南京农业大学 2015—2019 年的专利数量稍有波动，但整体保持在较高水平。

4.2 主要产业主体优势技术和应用领域

图 4.3 和图 4.4 分别显示了 2010—2020 年全球水稻分子育种主要产业主体的技术分布和应用分布，需要注意的是，一项专利可能会涉及多项技术或应用领域。

在技术领域，杜邦公司的转基因技术相关专利数量最多（199 项），其次为基因编辑（50 项），最少的是单倍体育种专利（6 项）。中国农业科学院作物科学研究所也同样是转基因技术相关专利数量最多（155 项），其次为分子标记辅助选择（36 项），最少的也是单倍体育种（1 项）。中国水稻研究所的分子标记辅助选择相关专利数量最多（83 项），其次为转基因技术（55 项）。另外 6 个产业主体也都是在转基因技术领域的专利数量最多，华中农业大学在转基因技术和载体构建领域的专利数量也较多，安徽省农业科学院的载体构建相关专利是 10 个产业主体中数量最多的。单倍体育种领域，专利数量最多的产业主体是浙江大学，相关专利 10 项。

在应用领域，各产业主体在各领域均有涉猎，但侧重点各不相同。杜邦公司在水稻各应用领域的专利数量都较多，除抗病和优质领域外，其余各应用领域的专利数量都是主要产业主体中数量最多的。

中国农业科学院作物科学研究所重点研究高产、抗病和抗非生物逆境，且抗病相关专利数量在主要产业主体中排名第一。中国水稻研究所和安徽省农业科学院在优质领域研究较多，相关专利数量分别排名第一和第二。

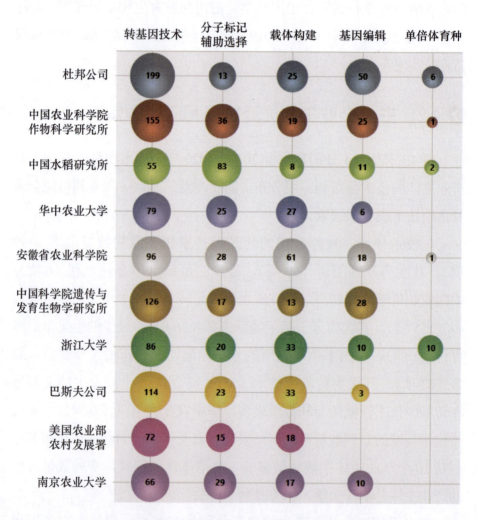

图4.3　2010—2020年全球水稻分子育种主要产业主体的技术分布（单位：项）

第 4 章　水稻分子育种全球主要产业主体竞争力分析

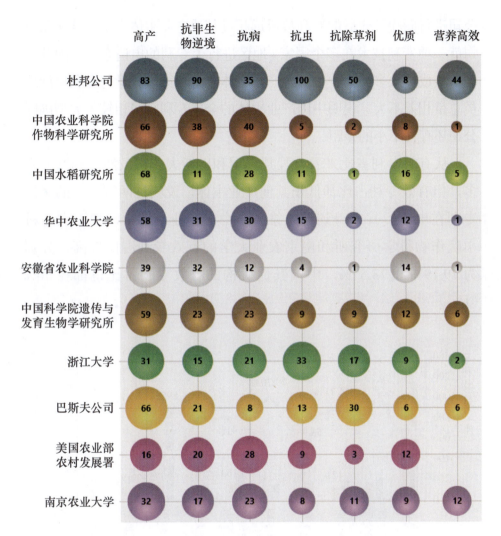

图 4.4　2010—2020 年全球水稻分子育种主要产业主体的应用分布（单位：项）

▶ 4.3　主要产业主体的授权与保护对比分析

将主要产业主体全部专利家族进行同族扩充和归并申请号，得到 2010—2020 年全球水稻分子育种主要产业主体的专利数量与有效专利数量对比，如图 4.5 所示。从图 4.5 中可以看出，杜邦公司和巴斯夫公司进行同族扩充后的专利数量远超过其他产业主体，说明这两家公司就一项专利技术在多个国家/地区进行了专利的申请布局，因此专利家族成员众多。而中国的各产业主体，专利家族数量与专利家族成员总量相差不大，说明中国产业主体的全球专利布局相较于大型国际公司还存在不小的差距。

从有效专利占比来看，杜邦公司和巴斯夫公司虽然专利数量很多，但有效专利占比却低于其他产业主体，说明这两家公司的多件专利在申请后并未得到有效维护。中国产业主体中，中国农业科学院作物科学研究所和南京农业大学的有效专利占比较高，分别为 79.19% 和 73.57%，中国其他机构的有效专利占比也都在 50% 以上。

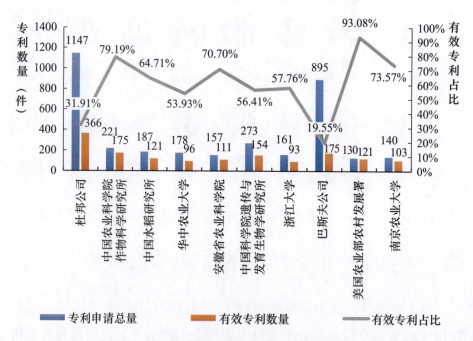

图 4.5　2010—2020 年全球水稻分子育种主要产业主体的专利数量与有效专利数量对比

4.4 主要产业主体的专利运营情况对比分析

图 4.6 所示为 2010—2020 年全球水稻分子育种主要产业主体的专利运营分布，可以看出，所有产业主体仅发生了专利转让，没有专利许可。总体来看，中国产业主体的专利转让数量较少，专利转让数量最多的是中国科学院遗传与发育生物学研究所（18 件），而杜邦公司和巴斯夫公司的专利转让数量则非常多，分别为 172 件和 144 件。从专利转让数量可以反映出产业主体的专利价值、专利转移转化和产业化成果，从而发现中国产业主体在专利运营上与国外产业主体之间的巨大差距。

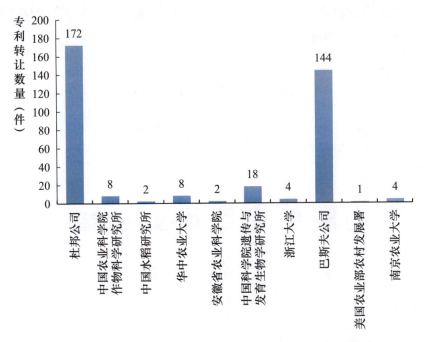

图 4.6 2010—2020 年全球水稻分子育种主要产业主体的专利运营分布

4.5 主要产业主体专利质量对比分析

本次分析采用 Innography 数据库中的专利强度区间来定义和分析专利质量,绘制 2010—2020 年全球水稻分子育种主要产业主体的专利质量对比,如图 4.7 所示。可以看出,80 分以上的专利大多掌握在杜邦公司和巴斯夫公司手中,中国机构的专利中,0~20 分专利占比较高。

经过统计分析 Innography 数据库中的专利强度信息,本次检索到的全部水稻分子育种专利中,TOP10% 的专利强度在 60 分以上,故本书定义 Innography 专利强度≥60 分的专利为高质量专利。从图 4.7 中的高质量专利曲线可以看出,杜邦公司的高质量专利数量最多(105 件),其次为巴斯夫公司(41 件)、中国科学院遗传与发育生物学研究所(21 件)、中国农业科学院作物科学研究所(16 件)和安徽省农业科学院(16 件)。美国农业部农村发展署的高质量专利数量最少,为 0 件。

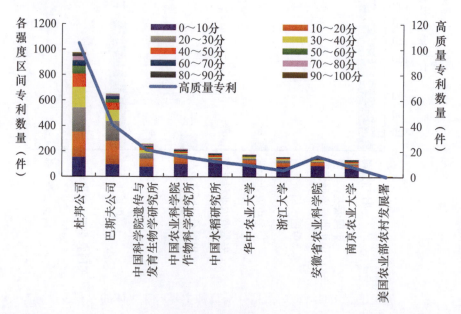

图 4.7　2010—2020 年全球水稻分子育种主要产业主体的专利质量对比

第 4 章　水稻分子育种全球主要产业主体竞争力分析

2010—2019 年全球水稻分子育种主要产业主体的高质量专利申请趋势如图 4.8 所示，高质量专利的申请年份集中在 2011—2018 年，其中，杜邦公司 2011—2014 年共申请了 64 件高质量专利，可重点关注和研究杜邦公司这 4 年的专利。巴斯夫公司、中国科学院遗传与发育生物学研究所的高质量专利都集中申请于 2014—2015 年。

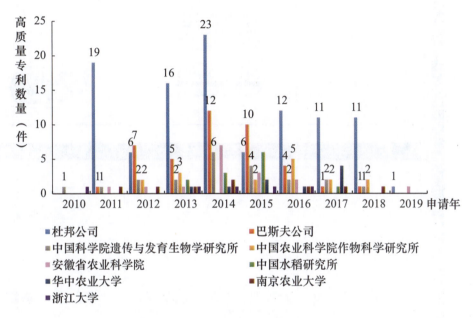

图 4.8　2010—2019 年全球水稻分子育种主要产业主体的高质量专利申请趋势

▶ 4.6　典型产业主体专利核心技术发展路线剖析

经统计，杜邦公司在全球水稻分子育种领域共计申请 224 项、3535 件专利。结合专利价值、专利被引频次、同族专利数量和技术应用分类等多个因素，筛选出杜邦公司在水稻分子育种领域的重要专利若干，并在重要专利的基础上，通过专利家族的前后引证关系绘制出杜邦公司的专利核心技术路线图，如图 4.9 所示，该图揭示了杜邦公司在水稻分子育种领域的核心技术发展方向。

全球水稻分子育种态势及产业化分析研究

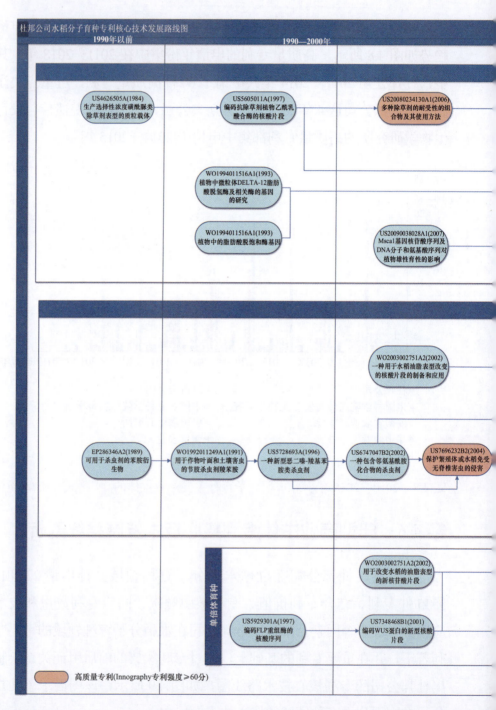

图 4.9　杜邦公司水稻分子

第4章 水稻分子育种全球主要产业主体竞争力分析

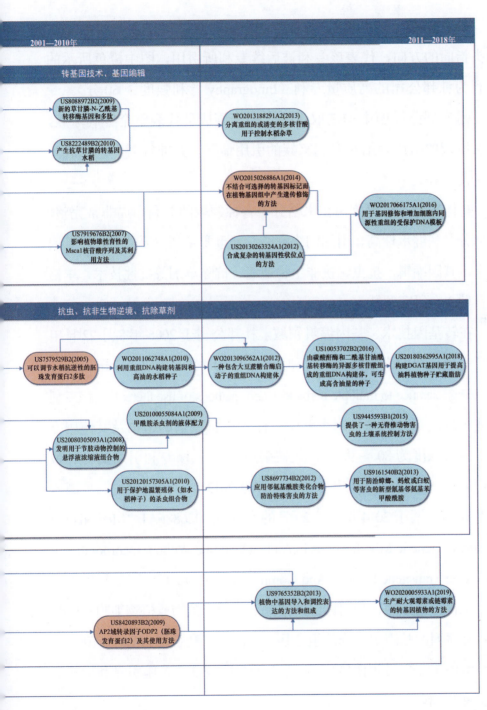

专利核心技术发展路线图

83

图中横轴代表时间轴，按照专利申请时间排列分为 4 个时间段，箭头指向的方向，代表该专利被后续专利所引用，图中橙色所示的专利为杜邦公司的高质量专利（Innography 专利强度 ≥ 60 分）。专利技术发展路线图中均选取一件专利家族成员代表整个专利家族，箭头所指的引用表示对专利家族的引用情况，并非针对专利家族中的一件专利。

整体来看，杜邦公司在水稻分子育种领域的专利布局非常完整，大部分专利继承性高、引用网络完整，其重要专利主要分布在转基因技术、基因编辑，抗虫、抗非生物逆境、抗除草剂等抗性技术，单倍体育种 3 个研究领域。

在转基因技术、基因编辑领域，杜邦公司于 2006 年 8 月 22 日申请了一项重要的水稻转基因育种专利 US20080234130A1 "Compositions providing tolerance to multiple herbicides and methods of use thereof"，该专利描述了耐受草甘膦并且耐受至少一种 ALS 抑制剂的植物及其使用方法，专利强度为 80～90 分，共被引用 62 次，该专利引用的专利最早可追溯到 1984 年，施引专利可延伸至 2013 年。该领域另一项高质量专利为申请于 2014 年 8 月 20 日的 WO2015026886A1 "Methods For Producing Genetic Modifications In A Plant Genome Without Incorporating A Selectable Transgene Marker, And Compositions Thereof"，该专利提供了在不包含可选择的转基因标记的情况下，用于植物或植物细胞基因组中目标序列的基因组修饰的组合物和方法，专利强度为 90～100 分，共被引用 74 次，其引用的专利最早申请于 1993 年，施引专利最晚于 2016 年申请。

在抗虫、抗非生物逆境、抗除草剂等抗性技术领域，杜邦公司在水稻抗虫技术领域的研究布局较完善，其2004年1月26日在该领域申请的一项重要专利US7696232B2 "Anthranilamide arthropodicide treatment"涉及保护繁殖体或由其生长的植物免受无脊椎害虫侵害的方法，专利强度为80～90分，共被引用53次，其引用的专利最早可以追溯至1989年，施引专利可延伸至2015年，引用关系布局清晰丰富，可代表杜邦公司在水稻抗虫研究方面的发展历程。此外，杜邦公司在水稻抗非生物逆境方面的研究起步相对较晚，其在2005年1月28日申请的一项重要专利US7579529B2 "AP2 domain transcription factor ODP2 (ovule development protein 2) and methods of use"提供了可以调节水稻抗逆性的胚珠发育蛋白2多肽，专利强度为90～100分，共被引用32次，其专利最早申请于2002年，施引专利最晚于2018年申请。

在单倍体育种领域，1997年，作为杜邦公司投资生物科技战略的一部分，杜邦公司收购了世界领先的种子生产公司先锋种子国际公司的部分股份，成立杜邦先锋公司（以下简称杜邦先锋），作为全球种业巨头，杜邦先锋在单倍体育种领域有着较完整的布局，杜邦先锋在该领域的一项重要专利申请于2009年7月15日，专利强度为90～100分，被引用13次，其引用的专利最早可追溯至1997年，施引专利最晚可延伸至2019年。

表4.1列出了杜邦公司水稻分子育种专利核心技术发展路线图中涉及专利的详细信息。

表 4.1 杜邦公司水稻分子育种专利核心技术发展路线图中涉及专利的详细信息

公开号	申请日期	DWPI标题	施引专利数量（件）	预估的截止日期
US4626505A	1984-02-24	Plasmid vector for transforming saccharomyces cerevisiae to give phenotypes resistant to selective concns. of sulphonyl-urea herbicides	53	2004-02-24
US5605011A	1994-12-22	Use of mutant acetolactate synthase genes for transforming plants for resistance to sulphonyl:urea, tri:azolo:pyrimidine sulphonamide and imidazolinone herbicides	481	2014-02-25
US20080234130A1	2006-08-22	Novel plant comprising polynucleotide encoding polypeptide that confers tolerance to glyphosate or polynucleotide and acetolactate synthase inhibitor encodes ALS inhibitor-tolerant polypeptide, useful for controlling weeds	62	
US8088972B2	2009-04-01	New glyphosate-N-acetyltransferase gene and polypeptide having increased rate of catalysis and increased stability, useful for generating glyphosate resistant plants	17	2020-01-03
US8222489B2	2010-11-23	Producing a glyphosate resistant transgenic plant or plant cell comprises transforming a plant or plant cell with a heterologous polynucleotide encoding glyphosate-N-acetyltransferase	15	2020-07-17
WO2013188291A2	2013-06-10	New isolated, recombinant or mutagenized polynucleotide comprising nucleotide sequence encoding acetolactate synthase inhibitor-tolerant polypeptide having specific amino acids at specific positions, used e.g. to control weeds in crop field	0	
WO1994011516A1	1993-10-15	Genes for fatty acid desaturase enzymes permit alteration of plant lipid composition	521	

第4章　水稻分子育种全球主要产业主体竞争力分析

（续表）

公开号	申请日期	DWPI标题	施引专利数量（件）	预估的截止日期
US20090038028A1	2007-08-03	Maintaining a homozygous recessive condition of a male sterile plant comprises providing a first plant comprising homozygous recessive alleles of a male sterile converted anther 1 (Msca1) gene and fertilizing the first plant	12	2019-03-29
US7919676B2	2007-08-03	New male sterile converted anther 1 (MSCA1) isolated nucleotide sequence, useful for impacting male fertility in a plant, restoring fertility to the plant, and producing hybrid seed	28	2029-05-22
WO2015026886A1	2014-08-20	New guide polynucleotide comprising first nucleotide sequence domain complementary to nucleotide sequence in target DNA and second nucleotide sequence domain interacting with Cas endonuclease, used to modify target site in genome of cell	74	
US20130263324A1	2012-03-22	Complex transgenic trait locus within a plant used in plant breeding comprises two altered target sequences that originate from target sequence recognized and cleaved by double-strand break-inducing agent, linked to a polynucleotide	30	2034-04-22
WO2017066175A1	2016-10-11	Selecting cell comprising modified nucleotide sequence in its genome, by providing protected polynucleotide modification template and clustered regularly interspaced short palindromic repeats-associated (Cas) endonuclease to cell	19	
WO2003002751A2	2002-06-27	Novel nucleotide fragment encoding polypeptides having receptor-like protein kinase activity, caleosin-like activity, useful for altering oil phenotypes in plants such as sunflower, coconut, soybean, wheat and rice	52	

（续表）

公开号	申请日期	DWPI标题	施引专利数量（件）	预估的截止日期
US7579529B2	2005-01-28	Novel ovule development protein 2 (ODP2) polypeptide, useful for altering oil content in plant, increasing transformation efficiencies, modulating stress tolerance, and modulating regenerative capacity of plant	32	2025-07-28
WO2011062748A1	2010-11-01	New plant seed with increased oil content comprises, in its genome, recombinant DNA constructs comprising polynucleotides operably linked to regulatory element, useful for producing transgenic seeds and plants having increased oil content	19	
WO2013096562A1	2012-12-20	Recombinant DNA construct for increasing oil content of soybean seed comprises heterologous polynucleotide encoding polypeptide e.g. ovule development protein 1 polypeptide, operably linked to e.g. soybean sucrose synthase promoter	6	
US10053702B2	2016-10-13	New recombinant DNA construct comprising heterologous polynucleotides encoding plastidic carbonic anhydrase and diacylglycerol acyltransferase, useful for generating a soybean seed or plant having increased oil content	1	2035-04-26
US20180362995A1	2018-08-30	Transgenic soybean seed, e.g. for roasted soybeans, soy milk, and soy grits, comprises recombinant constructs having diacylglycerol acyltransferase sequences, and construct downregulating plastidic phosphoglucomutase activity	0	
EP286346A2	1988-04-05	new N-heterocyclyl-(thio)carbonyl-aniline derivs. useful as insecticides, prepd. from e.g. phenyl isocyanate cpd. and heterocyclic cpd	46	2008-04-05
WO1992011249A1	1991-12-17	Arthropodicidal carboxanilide(s) for foliar and soil pests used for crops, forestry, stored prods., livestock, food, household, and public health	61	

第 4 章　水稻分子育种全球主要产业主体竞争力分析

（续表）

公开号	申请日期	DWPI标题	施引专利数量（件）	预估的截止日期
US5728693A	1996-06-25	New oxadiazine-carbox anilide(s) useful as arthropodicides active against army worm, southern corn rootworm, etc	71	2006-03-17
US6747047B2	2002-08-28	Controlling arthropods comprises contacting with new and known insecticidal anthranilamide compounds	151	2021-03-20
US7696232B2	2004-01-26	Protecting a propagule or a plant from an invertebrate pest e.g. arthropod involves contacting the propagule or the locus of the propagule with anthranilamide derivative	53	2025-07-21
US20080305093A1	2008-06-25	Suspension concentrate composition, useful to control arthropods, comprises carboxamide arthropodicide, biologically active agent, liquid carrier, emulsifier, silica thickener, protic solvent, alkanol/glycol and carboxylic acid	20	2030-05-23
US20100055084A1	2009-05-12	Arthropodicidal suspension concentrate composition useful for controlling orthropod pests comprises carboxamide arthropodicide; biologically active agent other than carboxamide arthropodicides; water; water-immiscible liquid; and surfactant	19	2029-02-22
US20120157305A1	2012-02-24	Insecticidal composition for protecting geotropic propagule e.g. seed from phytophagous insect pests comprises at least one anthranilic diamide insecticides; and a nonionic ethylene oxide-propylene oxide block copolymer component	13	2030-09-03
US8697734B2	2012-08-10	Controlling lepidopteran, homopteran, hemipteran, thysanopteran and coleopteran insect pests comprises contacting with N-(2-carbamoylphenyl)-1H-pyrazole-5-carboxamide derivatives	6	2022-08-13

（续表）

公开号	申请日期	DWPI标题	施引专利数量（件）	预估的截止日期
US9445593B1	2015-07-15	New N-(2-carbamoylphenyl)-1-(2-pyridyl)-1H-pyrazole derivatives useful for controlling invertebrate pests e.g. insects, slugs, nematodes, flukes and tapeworms	0	2022-08-13
US9161540B2	2013-03-11	New cyano anthranilamide having insecticidal activity, useful for controlling pests e.g. cockroach, ant or termite	0	2024-03-03
US5929301A	1997-11-18	Nucleic acid encoding FLP recombinase optimized for plant expression	45	2017-11-18
US7348468B1	2001-04-20	Novel nucleic acid fragments encoding WUS proteins useful for transiently modulating WUS protein level in plant cells, as probes for genetically and physically mapping WUS genes and as markers	43	2023-04-19
US8420893B2	2009-07-15	Novel ovule development protein 2 (ODP2) polypeptide, useful for altering oil content in plant, increasing transformation efficiencies, modulating stress tolerance, and modulating regenerative capacity of plant	13	2026-01-16
US9765352B2	2013-11-22	New promoter construct comprising a promoter containing specified nucleotide sequence followed by first attachment B site, used in an expression cassette for excising a polynucleotide to encode a polypeptide which e.g. induces embryogenesis	1	2033-02-05
WO2020005933A1	2019-06-25	New plant useful for producing transgenic plants i.e. spectinomycin or streptomycin resistant, comprises marker gene cassette comprising DNA sequence imparting spectinomycin or streptomycin resistance in plant	0	

第 5 章
水稻分子育种全球论文态势分析

本章以水稻分子育种为研究对象，分析相关论文产出趋势、来源国家和机构分布、高质量论文来源并挖掘领域研究热点，帮助相关科研人员和管理人员了解该技术的全球发展现状，掌握研究热点和方向，研判发展趋势。

本章采用科睿唯安 Science Citation Index Expanded（SCI-EXPANDED）和 Conference Proceedings Citation Index-Science（CPCI-S）数据库作为检索数据源，对全球 2000—2020 年的水稻分子育种相关论文进行检索，采用 Derwent Data Analyzer、VOSviewer 等工具对数据进行清洗和分析。

截至 2020 年 10 月 25 日，在上述数据库中共检索到 2000—2020 年水稻分子育种相关论文 41331 篇。考虑数据库收录与论文发表的时间差，2019—2020 年的论文数量尚不完整，不能完全代表这两年的趋势。

▶ 5.1 全球论文产出趋势

2000—2020 年全球及中国水稻分子育种领域年度发文趋势如图 5.1 所示，无论在全球还是中国，水稻分子育种领域的发文量均呈现整体上扬的态势。全球发文量从 2000 年的 668 篇增长到 2019 年的 3523 篇，中国发文量从 2000 年的 84 篇增长到 2019 年的

1737 篇，2019 年中国在该领域的发文量约占全球发文量的 50%。

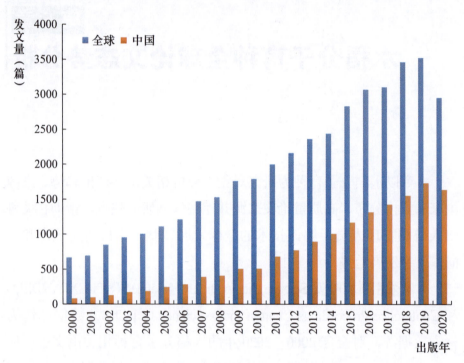

图 5.1　2000—2020 年全球及中国水稻分子育种领域年度发文趋势

5.2　主要国家/地区分析

图 5.2 所示为全球水稻分子育种领域发文主要来源国家/地区分布，中国（15443 篇）在发文量上拥有绝对的优势，其次为美国（6474 篇）和日本（5327 篇），印度和韩国的发文量排名也在 TOP5 之内。

图 5.3 所示为 2000—2020 年全球水稻分子育种领域 TOP5 国家发文趋势，可以看出，中国自 2010 年起在本领域的发展极为迅速，发文量远高于其他国家，2019 年达到单年发文量的峰值（1737 篇），而其他 4 个国家每年的发文量均在 500 篇以下。

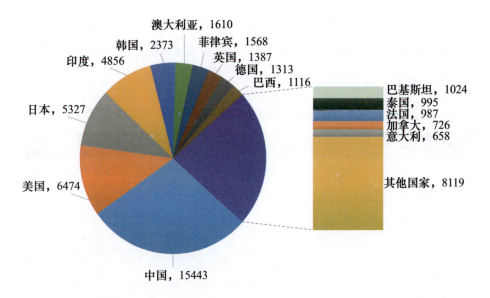

图 5.2　全球水稻分子育种领域发文主要来源国家/地区分布（单位：篇）

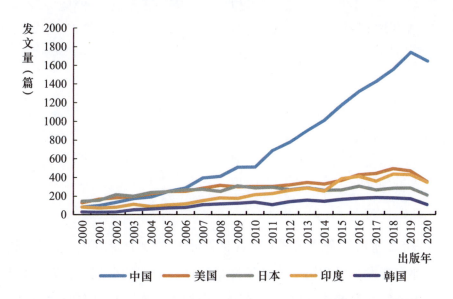

图 5.3　2000—2020 年全球水稻分子育种领域 TOP5 国家发文趋势

表 5.1 所示为全球水稻分子育种各技术领域发文量 TOP3 国家。从表 5.1 中可以看出，中国在各技术领域的发文量均处于领

先位置，美国在转基因技术、分子标记辅助育种、基因编辑和单倍体育种领域的发文量均处于第二位，日本在载体构建领域的发文量处于第二位。

表 5.1 全球水稻分子育种各技术领域发文量 TOP3 国家

技术分类	国家	发文量（篇）
转基因技术	中国	4392
	美国	1804
	日本	1499
分子标记辅助育种	中国	3416
	美国	1428
	印度	1098
载体构建	中国	2080
	日本	779
	美国	639
基因编辑	中国	1275
	美国	416
	日本	268
单倍体育种	中国	292
	美国	127
	日本	89

表 5.2 所示为全球水稻分子育种领域发文量 TOP10 国家，分别采用全部作者发文量和第一作者发文量统计。中国的全部作者发文量和第一作者发文量均排名第一。美国的全部作者发文量排名第二，但第一作者发文量仅排名第四，说明美国在本领域的发文多是与其他国家合作完成的。日本的全部作者发文量排名第三，但第一作者发文量排名第二，说明作为第一作者国家，日本的发文量比美国多。

表 5.2 全球水稻分子育种领域发文量 TOP10 国家

排名	全部作者国家	发文量（篇）	排名	第一作者国家	发文量（篇）
1	中国	15443	1	中国	14427
2	美国	6474	2	日本	4483
3	日本	5327	3	印度	4306
4	印度	4856	4	美国	3748
5	韩国	2373	5	韩国	1970
6	澳大利亚	1610	6	巴西	1002
7	菲律宾	1568	7	泰国	816
8	英国	1387	8	澳大利亚	794
9	德国	1313	9	菲律宾	793
10	巴西	1116	10	德国	708

5.3 主要机构分析

全球水稻分子育种领域发文 TOP20 机构如图 5.4 所示，TOP20 机构来自中国、美国、日本、菲律宾、印度和韩国。TOP3 机构均为中国机构，分别是中国科学院（2493 篇）、中国农业科学院（1835 篇）和南京农业大学（1390 篇）。菲律宾的国际水稻研究所发文量 1354 篇，排名第四；美国农业部农业研究院发文量 917 篇，排名第七；日本生物科学研究所发文量 842 篇，排名第九。

TOP20 机构总发文量为 14895 篇，占全部发文量的 36.04%；TOP20 机构以外其他机构总发文量为 36390 篇，占全部发文量的 88.05%。说明水稻分子育种领域的技术没有掌握在少数机构手里，同时，TOP20 机构与其他机构之间存在大量的合作发文情况。

2000—2020 年全球水稻分子育种领域发文 TOP10 机构发文趋势如图 5.5 所示，可以看出，TOP10 机构 2000—2020 年的发文都很连续，且中国科学院、中国农业科学院、南京农业大学、华中农业大学、浙江大学、中国农业大学的发文量整体均随时间呈上扬态势，说明中国的机构在水稻分子育种领域的研究热度越来越高，且技术越来越成熟，尤其是最近几年的相关成果产出超过国外机构。仅2016—2020年，中国科学院就发表相关论文1020篇，中国农业科学院发表相关论文1003篇，南京农业大学发表相关论文685篇，反观国际水稻研究所2016—2020年的发文量为438篇，美国农业部农业研究院发文量为234篇，日本生物科学研究所发文量为71篇，东京大学发文量为163篇，与中国机构差距明显，且国外的这几个机构近几年的发文量均呈下降态势，说明它们在本领域的研究有所减少，或相关产出速度变慢。

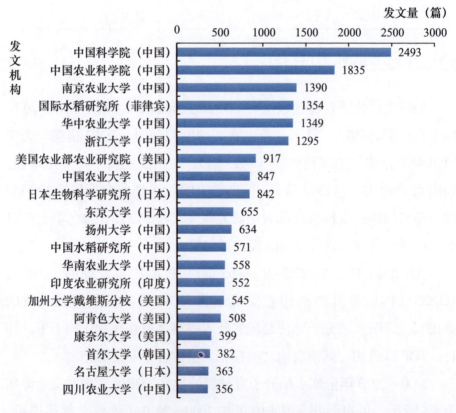

图5.4 全球水稻分子育种领域发文TOP20机构

第 5 章 水稻分子育种全球论文态势分析

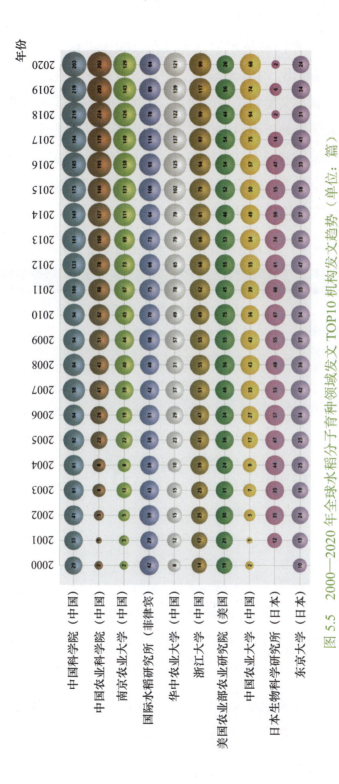

图 5.5 2000—2020 年全球水稻分子育种领域发文 TOP10 机构发文趋势（单位：篇）

水稻分子育种各技术领域发文量 TOP3 机构如表 5.3 所示。从表 5.3 中可以看出，中国科学院、中国农业科学院在水稻分子育种的各类技术领域发文量均排名前两位，说明中国科学院和中国农业科学院在本研究领域处于绝对的领先地位。此外，华中农业大学在转基因技术和基因编辑领域发文量较多，国际水稻研究所在分子标记辅助选择领域发文量较多，南京农业大学在载体构建领域发文量较多，中国水稻研究所在单倍体育种领域发文量较多。

表 5.3 水稻分子育种各技术领域发文量 TOP3 机构

技术分类	机构	发文量（篇）
转基因技术	中国科学院（中国）	824
	中国农业科学院（中国）	554
	华中农业大学（中国）	392
分子标记辅助育种	中国科学院（中国）	558
	中国农业科学院（中国）	556
	国际水稻研究所（菲律宾）	413
载体构建	中国科学院（中国）	380
	中国农业科学院（中国）	227
	南京农业大学（中国）	216
基因编辑	中国科学院（中国）	269
	中国农业科学院（中国）	188
	华中农业大学（中国）	136
单倍体育种	中国科学院（中国）	64
	中国农业科学院（中国）	42
	中国水稻研究所（中国）	37

水稻分子育种领域全部作者机构和第一作者机构排名如表 5.4 所示，按照第一作者统计机构排名与全部作者机构排名顺序发生了一定

的变化。中国科学院仍排第一，南京农业大学的第一作者发文量排名第二，华中农业大学的第一作者发文量排名第三，而总发文量排名第二的中国农业科学院，其第一作者发文量排名第四。第一作者机构TOP5均是中国的科研机构，说明全球相关科研大多由中国科研机构牵头和主导进行，中国在本领域的自主创新能力较强。

表 5.4 水稻分子育种领域全部作者机构和第一作者机构排名

排名	全部作者机构	发文量（篇）	排名	第一作者机构	发文量（篇）
1	中国科学院（中国）	2493	1	中国科学院（中国）	1552
2	中国农业科学院（中国）	1835	2	南京农业大学（中国）	1055
3	南京农业大学（中国）	1390	3	华中农业大学（中国）	1013
4	国际水稻研究所（菲律宾）	1354	4	中国农业科学院（中国）	977
5	华中农业大学（中国）	1349	5	浙江大学（中国）	897
6	浙江大学（中国）	1295	6	国际水稻研究所（菲律宾）	622
7	美国农业部农业研究院（美国）	917	7	中国农业大学（中国）	592
8	中国农业大学（中国）	847	8	日本生物科学研究所（日本）	443
9	日本生物科学研究所（日本）	842	9	扬州大学（中国）	427
10	东京大学（日本）	655	10	华南农业大学（中国）	412

5.4 技术功效分析

图 5.6 所示为全球水稻分子育种领域发文的技术应用分布，结合

图 3.7 可以看出，无论是发文量还是图 3.7 中的专利数量，转基因技术相关的研究都是最多的，转基因技术相关发文量共 10695 篇。发文量排名第二的技术领域为分子标记辅助选择，发文量为 8084 篇，排名第三的技术领域为载体构建，发文量为 4674 篇。

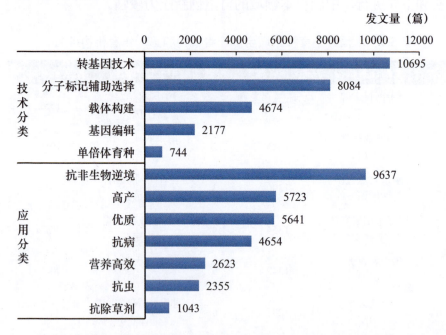

图 5.6　全球水稻分子育种领域发文的技术应用分布

在应用分类方面，抗非生物逆境相关发文量最多，共 9637 篇，其次为高产（5723 篇）和优质（5641 篇）。相较于专利应用领域的分布可以看出，高产相关专利较多，目前主要用于产业化，而抗非生物逆境相关的研究较多，目前产业化情况比高产少，可以注重本领域的最新技术发展，并适当进行专利布局。

2000—2020 年全球水稻分子育种领域各技术分类发文趋势如图 5.7 所示，可以看出，除单倍体育种相关发文量一直较少之外，另外 4 个技术分类的发文量都呈上升趋势，尤其在 2016—2019 年发文量增长明显，说明近几年水稻分子育种领域各技术分类的研究都在火热进行中，研究热度有所增加。

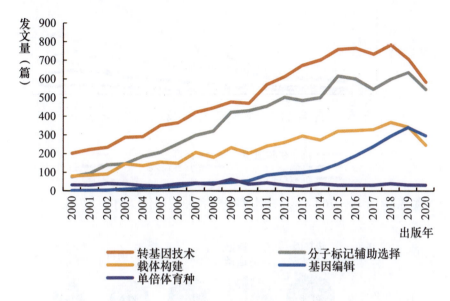

图 5.7　2000—2020 年全球水稻分子育种领域各技术分类发文趋势

2000—2020 年全球水稻分子育种领域各应用分类发文趋势如图 5.8 所示，可以看出，各应用分类的研究成果都在逐年增多，尤其是抗非生物逆境相关发文量增长明显，2016—2020 年的单年发文量都保持在 800 篇以上，为水稻分子领域研究最多和热度最高的应用分类。

图 5.9 所示为全球水稻分子育种领域发文的技术功效矩阵，可以看出，该领域当前的最热技术为转基因技术，功能效果最多体现在提高水稻的抗非生物逆境特性。此外，利用转基因技术提高水稻的抗病、抗虫、高产和抗除草剂应用方面的发文量也较多。在高产特性方面，分子标记辅助选择领域发文量最多，是现阶段需要重点关注的研究点。载体构建主要应用在提高水稻的抗非生物逆境方面。基因编辑则主要应用在提高水稻的抗非生物逆境和抗病领域。

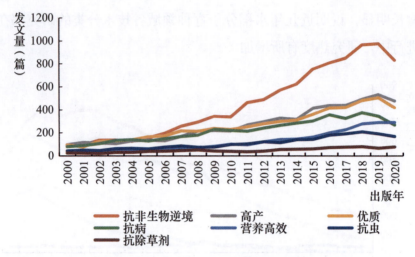

图 5.8　2000—2020 年全球水稻分子育种领域各应用分类发文趋势

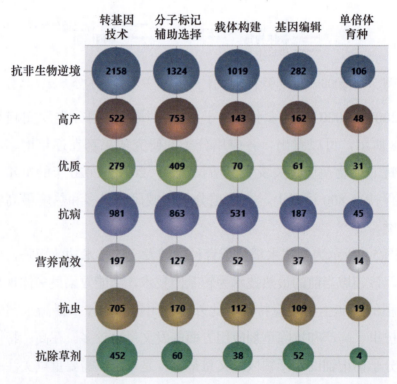

图 5.9　全球水稻分子育种领域发文的技术功效矩阵（单位：篇）

5.5 高质量论文分析

本次分析的高质量论文包括高被引论文和热点论文:将超过全球水稻分子育种论文被引次数基线的论文定义为高被引论文;将在该领域最近两年发表的论文被引用次数超过被引次数基线的论文定义为热点论文。

本次检索到全球水稻分子育种领域共发表论文41331篇,在Web of Science核心合集中共被引用1080128次,平均被引次数为1080128/41331≈26.13,故定义被引频次≥27的论文为高被引论文,共10541篇;该领域2019—2020年共发表论文6477篇,在Web of Science核心合集中共被引用14631次,平均被引次数为14631/6477≈2.26,故定义2019—2020年发表的被引频次≥3的论文为热点论文,共1774篇。

5.5.1 高质量论文来源国家分布

本节分别统计了水稻分子育种领域高被引论文和热点论文的来源国家,全球水稻分子育种高被引论文来源国家如图5.10所示,该领域高被引论文主要来自中国、美国、日本和印度等国家,论文质量较高,处于全球较领先的位置。中国和美国的高被引论文总量超过全部高被引论文数量的20%。

全球水稻分子育种热点论文来源国家如图5.11所示,该领域热点论文绝大部分来自中国,此外,美国、印度、日本和澳大利亚的热点论文也较多,说明这些国家近几年的研究处于全球较领先的位置。中国的热点论文数量超过全部热点论文数量的1/3。

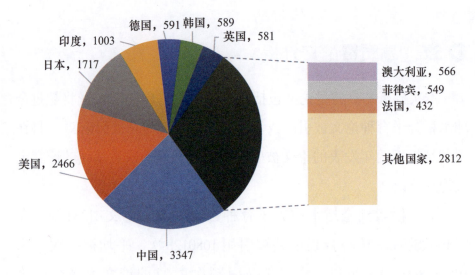

图 5.10　全球水稻分子育种高被引论文来源国家（单位：篇）

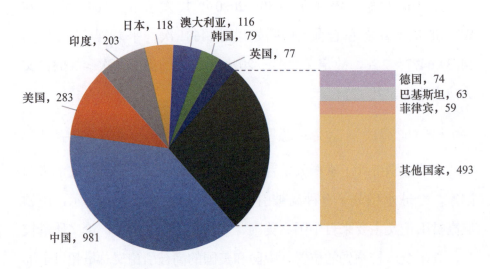

图 5.11　全球水稻分子育种热点论文来源国家（单位：篇）

5.5.2　高质量论文机构分布

表 5.5 列出了全球水稻分子育种高质量论文机构分布，中国科学院、国际水稻研究所和华中农业大学的高被引论文数量最多，中国科学院、中国农业科学院和南京农业大学的热点论文数量最多。高被引

论文的TOP10发文机构中，共有5个中国机构、2个日本机构、2个美国机构和1个菲律宾机构。热点论文的TOP10发文机构中，共有9个中国机构和1个菲律宾机构。

表5.5 全球水稻分子育种高质量论文机构分布

排名	高被引论文发文机构	发文量（篇）	排名	热点论文发文机构	发文量（篇）
1	中国科学院（中国）	807	1	中国科学院（中国）	175
2	国际水稻研究所（菲律宾）	523	2	中国农业科学院（中国）	129
3	华中农业大学（中国）	420	3	南京农业大学（中国）	102
4	日本生物科学研究所（日本）	418	4	华中农业大学（中国）	92
5	中国农业科学院（中国）	407	5	浙江大学（中国）	79
6	浙江大学（中国）	375	6	国际水稻研究所（菲律宾）	54
7	美国农业部农业研究院（美国）	363	7	华南农业大学（中国）	49
8	南京农业大学（中国）	309	8	扬州大学（中国）	46
9	东京大学（日本）	294	9	中国农业大学（中国）	42
10	加州大学戴维斯分校（美国）	261	10	中国水稻研究所（中国）	36

5.5.3 高质量论文研究热点分析

本次分析基于检索到的全球水稻分子育种领域41331篇论的全部关键词（作者关键词与Web of Science数据库提取的关键词），利用VOSviewer软件对该领域的主题进行挖掘，遴选出现频次大于300次的关键词，通过主题聚类计算关键词的共现关系，生成研究热点聚类图，如图 5.12 所示。目前，水稻分子育种领域的研究主要集中在 4 个主题，其中 3 个主题的研究热度较高。

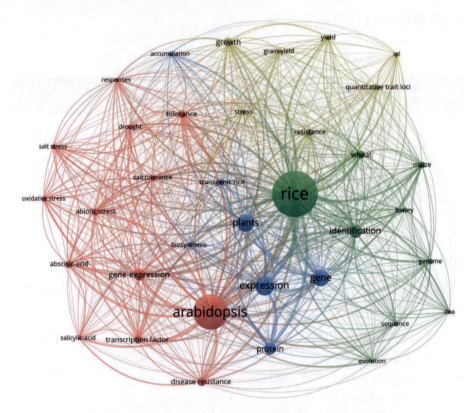

图 5.12　全球水稻分子育种领域研究热点聚类图

第一个主题聚焦于拟南芥的基因表达、转录因子和氧化应激研究，主要应用领域包括抗病性、非生物胁迫、盐胁迫和耐盐性等（图中红色聚类），该主题的研究热词包括 arabidopsis、gene-expression、disease resistance、transcription factor、tolerance、abscisic-acid、abiotic stress、salt tolerance、oxidative stress、drought、salt stress 等。

第二个主题聚焦于水稻、小麦等作物的基因组序列、进化研究和鉴定（图中绿色聚类），相关热词包括 rice、identification、wheat、maize、genome、sequence、evolution、dna 等。

第三个主题聚焦于植物的基因表达、生物合成和转基因水稻研究（图中蓝色聚类），相关热词包括 expression、plants、gene、protein、transgenic rice、accumulation、biosynthesis。

5.6 水稻基因编辑技术论文分析

5.6.1 研究背景

基因编辑（Gene Editing）是指人类可以通过某些手段对目标基因进行"编辑和修改"，在特定的基因位点使 DNA 双键发生断裂，在随后的细胞利用 DNA 修复机制对断裂点进行修复的过程中，目的基因会发生定义性的突变或插入，从而达到预想的目的。

目前普遍认为基因编辑分为三代。第一代基因编辑技术为 ZFN 技术，ZFN（Zinc-Finger Nuclease，锌指核酸酶）是由锌指 DNA 结合域与 DNA 切割融合而成的，核酸酶的 DNA 亲和力及特异性决定了其编辑效率，该技术目前用于多种动植物的基因编辑，在医学领域也有重大的应用价值。第二代基因编辑技术是 TALEN［Transcription Activator-Like（TAL）Effector Nucleases，转录激活因子样效应核酸酶］技术，该技术的研究始于 AvrBs3，特异识别 DNA 碱基的特性在 2009 年首次得到应用，该技术被誉为实现基因敲除、转入或专利激活等靶向基因组编辑的里程碑。第三代基因编辑技术 CRISPR 于 2013 年前后问世，CRISPR 系统在原核生物中广泛存在，细菌可以利用该系统将病毒基因从自己的染色体上切除。而 CRISPR/Cas 系统通过非编码的 RNA 识别靶位，利用 RNA 和 DNA 之间互作进行靶基因锚定，形成非编码 RNA 和 Cas 蛋白复合物切割相应的基因位点。中国一直处在 CRISPR 研究的最前沿，2014 年首次在灵长类动物身上成功使用该技术。

基因编辑作为近十年新兴的技术，在农业领域的应用前景十分可观。水稻是中国重要的粮食作物，水稻育种技术已从传统育种阶段迈入分子育种阶段。在分子育种方面，可以通过基因编辑技术对控制或调控目标性状的 DNA 片段，即基因中的碱基进行编辑，以改变基因的功能，最终使得由其控制的性状也发生改变。在改良水稻性状与水稻分子育种等方面，基因编辑不断发挥积极作用。本节以水稻基因编辑相关论文为研究对象，分析相关论文产出趋势、主要来源国家研究情况、机构分布及学科类型和期刊分布，帮助相关科研人员和管理人员了解该技术的整体发展现状，掌握竞争国家、机构的科研趋势，为水稻基因编辑技术的发展提供参考。

本节采用科睿唯安 Science Citation Index Expanded（SCI-EXPANDED）和 Conference Proceedings Citation Index-Science（CPCI-S）数据库作为检索数据源，对 1995—2020 年的水稻基因编辑相关论文进行检索，采用 Derwent Data Analyzer、Microsoft Office Excel 2016 等工具对数据进行清洗、分析、作图。

截至 2020 年 4 月 21 日，在上述数据库中共检索到 1995—2020 年水稻基因编辑技术相关论文 1976 篇。考虑数据库收录与论文发表的时间差，2019—2020 年的论文数量尚不完整，不能完全代表这两年的趋势。

5.6.2　论文产出分析

1995—2020 年全球水稻基因编辑技术发文趋势如图 5.13 所示，1995 年发表的相关论文是来自德国弗莱堡大学的 *Complete Sequence of the Maize Chloroplast Genome—Gene Content, Hotspots of Divergence and Fine-tuning of Genetic Information by Transcript Editing*，2003 年开始发文量缓慢上升，2013 年后，由于基因编辑技术在水稻领域的应用逐渐展开，以及同时 CRISPR 技术的兴起也使相关论文发文量增加较快。

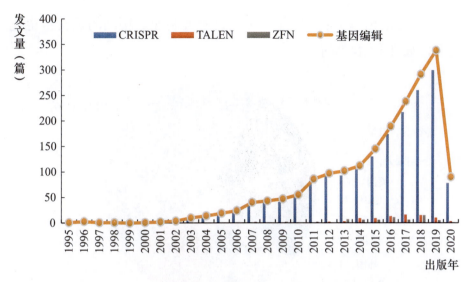

图 5.13　1995—2020 年全球水稻基因编辑技术发文趋势

ZFN 技术在水稻领域发表的第一篇论文是来自德国拜耳公司的 *Homologous recombination: a basis for targeted genome optimization in crop species such as maize*；2011 年，TALEN 技术在水稻领域的相关论文首次发表，即由美国爱德华州立大学发表的 *Efficient design and assembly of custom TALEN and other TAL effector-based constructs for DNA targeting*；2002 年，美国内布拉斯加大学林肯分校、日本名古屋大学和美国麻省理工学院分别发表第一篇水稻领域与 CRISPR 技术相关的论文。中国于 2002 年首次发表与水稻基因编辑相关的论文，即由武汉大学发表的 *The editing sites in transcripts of functional genes of rice mitochondria*。

5.6.3　主要发文国家 / 地区分析

从全球水稻基因编辑相关论文主要来源国家分布来看，中国（1130 篇）是全球相关发文量最多的国家，美国（388 篇）排名第二，日本（256 篇）排名第三，这三个国家是该技术研究较为集中的国家。此外，印度、韩国、法国、澳大利亚、德国的发文量也比较多，如图 5.14 所示。

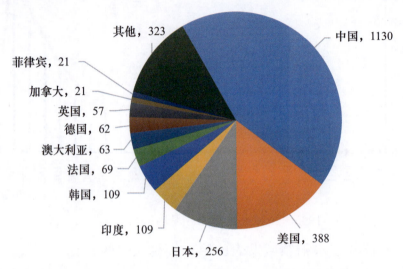

图 5.14　全球水稻基因编辑技术主要国家分布（单位：篇）

图 5.15 显示了水稻基因编辑技术 TOP5 国家技术种类分布，可以看出，中国主要的发展方向是 CRISPR 技术，发文量为 1061 篇，是全球 CRISPR 技术发文量最多的国家，其次是 TALEN 技术，发文量为 36 篇，ZFN 技术的发文量最少，为 23 篇；美国在 CRISPR、TALEN 和 ZFN 技术领域的发文量分别为 335 篇、29 篇和 24 篇，其 ZFN 技术发文量是 TOP5 国家中最多的；日本水稻基因编辑技术相关研究也主要集中在 CRISPR 技术领域，相关发文量为 229 篇。

鉴于中美两国在水稻基因编辑技术领域的研究均处于领先位置，图 5.16 对比了中国和美国的发文趋势。总体来看，美国水稻基因编辑相关论文发表的时间稍早于中国，2015 年以前发文量增长不明显。中国于 2002 年开始在本领域发文，2007 年后发文量超过美国，且自 2012 年起发文量增长迅速，增长率远远高于美国。从技术分布来看，美国最早发文的相关技术是 CRISPR，发文量最高的年份在 2018

年，发表 55 篇，其 TALEN 和 ZFN 技术领域发文量较少，相关论文均首次发表于 2011 年。2003 年，中国仅发表水稻基因编辑 CRISPR 技术相关论文 2 篇，到 2019 年的单年发文量增长至 188 篇，是水稻 CRISPR 技术研究绝对领先的国家。

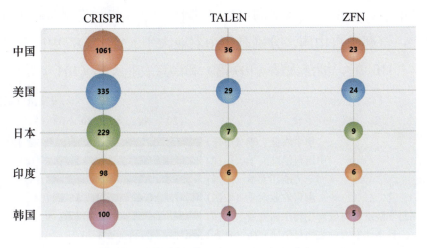

图 5.15　水稻基因编辑技术 TOP5 国家技术种类分布（单位：篇）

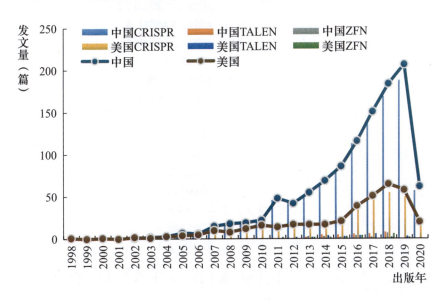

图 5.16　1998—2020 年中国和美国水稻基因编辑技术发文趋势对比

5.6.4 主要机构分析

全球水稻基因编辑技术发文TOP20机构如图5.17所示，TOP20机构共21个，包含中国机构17个、日本机构2个、美国机构2个，中国机构均为大学和科研院所，可见中国的科研机构在水稻基因编辑领域的研究占据了很重要的地位。其中，TOP4机构发文量在100篇以上，全部来自中国，分别是华中农业大学（123篇）、中国科学院大学（110篇）、浙江大学（109篇）和南京农业大学（104篇）。

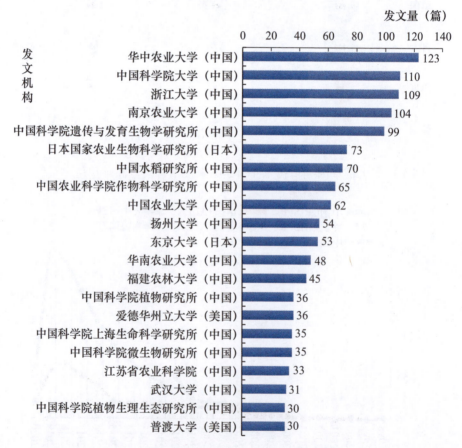

图5.17 全球水稻基因编辑技术发文TOP20机构

截至2020年5月5日，水稻基因编辑技术主要机构发文量及被引频次如表 5.6 所示，发文量排名第六的日本国家农业生物科学研究所的篇均被引频次最高，为 59.37 次，篇均被引频次排名第二位的是中国科学院遗传与发育生物学研究所，为 50.96 次，篇均被引频次排名第三位的是中国科学院大学，为 38.27 次。发文量排名第一位的是华中农业大学，篇均被引频次为 20.82 次，在 TOP10 机构中仅排名第八位。

表 5.6 水稻基因编辑技术主要机构发文量及被引频次

排名	发文机构	发文量（篇）	总被引频次（次）	篇均被引频次（次）
1	华中农业大学（中国）	123	2561	20.82
2	中国科学院大学（中国）	110	4210	38.27
3	浙江大学（中国）	109	2518	23.10
4	南京农业大学（中国）	104	2314	22.25
5	中国科学院遗传与发育生物学研究所（中国）	99	5045	50.96
6	日本国家农业生物科学研究所（日本）	73	4334	59.37
7	中国水稻研究所（中国）	70	909	12.99
8	中国农业科学院作物科学研究所（中国）	65	1542	23.72
9	中国农业大学（中国）	62	1957	31.56
10	扬州大学（中国）	54	799	14.80

2001—2020 年水稻基因编辑技术主要机构发文趋势如图 5.18 所示，日本国家农业生物科学研究所相对于其他主要机构发文时间较早，但其 2017 年后在该领域没有论文产出。中国机构自 2003 年开始发文，近年来发文量增长迅速，发展速度极快。

水稻基因编辑技术主要机构发文技术分布如图 5.19 所示，中国机构如华中农业大学、中国科学院大学、浙江大学、南京农业大学等在 CRISPR、TALEN 和 ZFN 技术领域都有涉及；中国水稻研究所和扬州大学仅在 CRISPR 技术领域开展了研究；日本国家农业生物科学

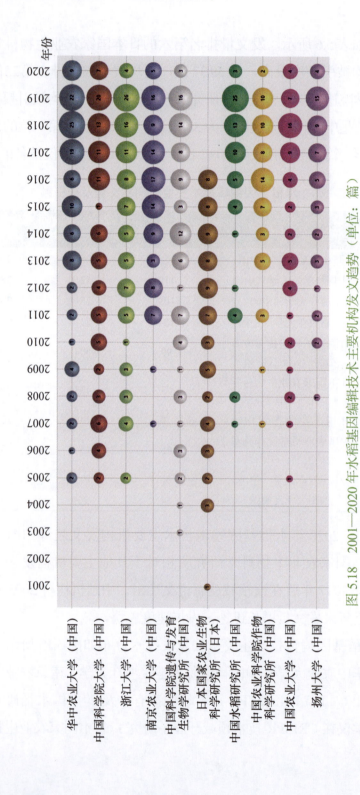

图 5.18 2001—2020 年水稻基因编辑技术主要机构发文趋势（单位：篇）

研究所在 ZFN 领域开展的研究相比其他机构更多一些。

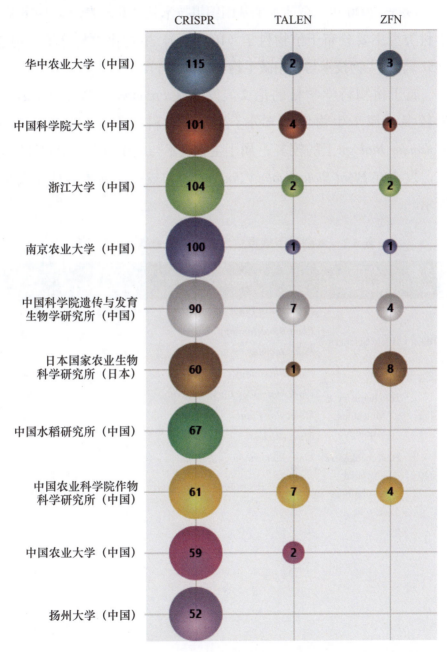

图 5.19　水稻基因编辑技术主要机构发文技术分布（单位：篇）

5.6.5　学科类型及期刊分析

1995—2020 年，全球水稻基因编辑技术领域共发表论文 1976 篇，学科类型主要分布于植物科学（1092 篇）、生物化学与分子生物学（452 篇）、生物技术与应用微生物学（270 篇）。

属于植物科学学科的论文，发表在 Frontiers in Plant Science 上的较多；属于生物化学与分子生物学学科的论文，发表在 Plant Molecular Biology 上的较多；属于生物技术与应用微生物学学科的论文，发表在 Plant Biotechnology Journal 上的较多，具体信息如表 5.7 所示。

表 5.7　水稻基因编辑技术主要学科分类及期刊分析

发文量（篇）	WOS 学科分类	期刊分布	收录论文量（篇）	影响因子（2019年）
1092	Plant Sciences	Frontiers in Plant Science	95	4.402
		Plant Biotechnology Journal	81	8.154
		Plant Journal	77	6.141
		Plant Physiology	77	6.902
452	Biochemistry & Molecular Biology	Plant Molecular Biology	57	3.302
		Molecular Plant	42	12.084
		Plant Science	35	3.591
270	Biotechnology & Applied Microbiology	Plant Biotechnology Journal	81	8.154
		Plant Cell Tissue and Organ Culture	16	2.196

第 6 章
新冠肺炎疫情下全球粮食保障应对策略分析

"洪范八政，食为政首"，自古以来，粮食对于一个国家的命运发展都至关重要。农业是国民经济发展的"压舱石"，粮食安全是治国理政的头等大事[38]。习近平总书记强调，对我们这样一个有着14亿人口的大国来说，农业基础地位任何时候都不能忽视和削弱，"手中有粮、心中不慌"在任何时候都是真理。由此可以看出，只有实现粮食的自给自足，一个国家才能维护好经济社会的稳定发展[39]。

新冠肺炎疫情暴发以来，全球粮食安全和农产品贸易受到一定的冲击。但就目前而言，国际粮食市场供需整体平衡，仅小部分区域和国家存在供需错配现象。为了保证自身粮食安全，目前已有多个国家对粮食出口采取限制性措施，各国因疫情管控而采取的封锁措施也影响了粮食产量与流通效率。在错综复杂的国情和疫情形势下，中国如何实现粮食有效供给、保障粮食绝对安全、控制和稳定粮价是当前和未来一段时间内需要解决的突出问题。本章在全面调研2019年和2020年全球粮食状况的基础上，针对新冠肺炎疫情对全球和中国粮食供应的影响，结合疫情下各国已采取的相关措施，对中国的粮食保障提出建议，以期为中国的粮食安全和粮食供应链的稳定运行提供参考。

6.1 全球粮食状况

6.1.1 全球粮食产量稳定但供需错配

1. 粮食产量稳中有升

根据联合国粮食及农业组织（Food and Agriculture Organization of the United Nations，FAO）发布的《粮食展望报告》[40]对全球谷物产量的统计，谷物包括小麦、粗粮和稻谷，粗粮又包括玉米、大麦、高粱等，2019年全球谷物总产量达27.11亿吨，同比增长2.3%，其中粗粮14.48亿吨，小麦7.62亿吨，稻谷5亿吨；2020年全球谷物产量约为27.50亿吨，其中粗粮14.78亿吨，小麦7.65亿吨，稻谷5.32亿吨。按照全球约78亿人口计算，人均谷物产量约为352千克。

2. 部分国家供需错配

由于全球人口和农业资源的分布不均匀，不同国家的粮食人均占有量差异巨大。例如，美国、乌克兰、阿根廷、俄罗斯、巴西、加拿大是粮食产品的主要出口国，根据《粮食展望报告》[40]中的统计数据，2019年美国出口谷物0.78亿吨，乌克兰出口谷物0.55亿吨，阿根廷出口谷物0.50亿吨。而另一些国家的粮食需求则对进口的依赖度高，如菲律宾历年的稻谷产量都低于其消费量，是全球最大的稻谷进口国，埃及则是全球最大的小麦进口国。据经济合作与发展组织（Organization for Economic Co-operation and Development，OECD）官网统计，2019年菲律宾进口稻谷0.03亿吨、埃及进口小麦0.13亿吨。

3. 粮食生产供应环节损耗问题突出

根据FAO发布的《粮食及农业状况》报告，全球约有14%的粮食在收获后到销售前的一系列环节中有所损失，主要出现在农场、仓储和运输等环节。无论何种粮食作物，收获环节都是较为严重的损失节点，此外，仓储设施的不完善及不当的操作也是导致农场仓储损失严重的主要原因[41]。

6.1.2　2019年中国粮食供求总体基本平衡

1. 粮食产量稳中有升

根据国家统计局数据，2020年中国粮食总产量6.69亿吨，比2019年增加565万吨，同比增长0.9%，其中稻谷2.12亿吨、小麦1.34亿吨、玉米2.61亿吨[2]。按照中国14亿人口计算，中国人均粮食达477千克，平均每人每天超过1千克。

2. 粮食库存充盈

2019年，中国小麦、玉米、稻谷的库存结余共2.8亿多吨，而中国的粮食年均消费量为2亿多吨，因此，现有库存可以满足中国人民1年以上的粮食需求[42]，加上中国每年稳中有升的粮食产量，库存仍将处于充盈状态。根据国家统计局数据，2020年中国粮食生产形势向好，夏粮产量14286万吨，比上年增产0.9%；早稻产量2729万吨，比上年增产3.9%；秋粮产量49934万吨，比上年增产0.7%。全年谷物产量61674万吨，比上年增产0.5%[43]。

3. 粮食进口量占比低

根据FAO发布的《粮食展望报告》，2019年，中国谷物产量为5.48亿吨，约占全球谷物总产量的1/5，排名第一，而且中国还是全球最大的稻谷和小麦生产国，全球第二大玉米生产国。中国稻谷、小麦和玉米的自给率均高达98%以上。2019年，中国谷物净进口量为1468万吨，仅占全国谷物消费总量的2%左右，比重很小，且进口的主要谷物是强筋、弱筋小麦及泰国稻谷等，进口的目的是满足不同消费者个性化的消费需求[44]。总体而言，中国小麦产需供应平衡有余，稻谷产大于需，粮食进口依存度较小。

6.2 新冠肺炎疫情对 2020 年全球粮食供应的影响

目前国际粮食供需整体平衡，库存充足，具有较强的抗冲击能力。新冠肺炎疫情在全球扩散蔓延后，为了保证本国粮食安全，多个国家对粮食出口采取限制性措施，导致主要粮食价格飙升，恐慌情绪可能在未来引起粮价攀升和粮食的暂时性供应短缺，各国基于疫情的管控措施也进一步影响了粮食的流通效率。中国农产品市场运行则相对平稳，目前受国际市场联动影响不大，全球疫情对中国粮食生产和供给影响有限。综合而言，短期内爆发全球性粮食危机的可能性不大，但要警惕新冠肺炎疫情发展的高度不确定性。

6.2.1 新冠肺炎疫情下全球主要国家粮食供应和流通情况

1. 国际粮食供需整体平衡

截至 2020 年 4 月，全球主要粮食生产国的生产活动尚未受到严重的冲击，美国大豆产区除伊利诺伊州外，疫情的影响相对有限；巴西、阿根廷的大豆收割正常[45]。从整体来看，当前全球粮食产量已经平稳超过需求，供需基本保持动态平衡，盈余逐步上升，同时库存充裕，即使粮食生产因疫情影响停滞，各类粮食储备仍能满足近半年的需求。

2. 粮食生产预期总体平稳

农业种植属非劳动力密集型产业，疫情对粮食种植规模和种植结构的影响不大。根据 OECD 官网数据，2020 年全球小麦产量为 7.65 亿吨，与 2019 年基本持平，2020 年全球稻谷产量为 5.32 亿吨，相较 2019 年稳中有增。欧盟、北非、乌克兰和美国的预期减产量几乎抵消澳大利亚、哈萨克斯坦、俄罗斯联邦和印度的预期增产量。预计

2021 年收获季末，小麦库存将上升至 2.75 亿吨，原因是中国的小麦库存将出现一定幅度增长。

3. 出口禁令减少国际粮食流通

FAO 的在线分析工具粮食及农业政策决策分析 FAPDA 对全球各国应对新冠肺炎疫情而制定的政策信息统计显示：截至 2020 年 11 月，至少有 17 个国家宣布实施粮食出口限制，如俄罗斯限制谷物出口，越南暂停稻谷的出口，缅甸设定稻谷出口限额，乌克兰设定 2020—2021 年度小麦最高出口量。同时，一些国家开始在国际市场上进行粮食抢购，土耳其大量购入小麦，哥伦比亚对玉米、大豆等设定免税进口。如果粮食供需平衡被打破，则可能引发区域性或全球性的粮价飙升与粮食供应短缺。

4. 封锁措施打破粮食供应链平衡

各国出于疫情管控而采取的封锁措施打乱了人与物的流动节奏，进而影响了粮食产量与流通效率。受疫情影响，欧洲数万名移民劳工无法返回各自的工作岗位，从而影响粮食的生产加工；美国播种季开始之前的墨西哥籍劳动力短缺也成为隐患，因为这些移民是美国农业廉价劳动力的主要来源。除劳动力短缺威胁粮食生产外，物流瓶颈也制约粮食流通效率[46]。随着疫情的缓和，粮食供应链会逐渐调整至正常水平，但短期内，各国的防疫措施会继续在全球层面上限制粮食流通的效率。

5. 沙漠蝗灾或加重粮食供应紧张

近期，全球多个国家和地区再遭沙漠蝗灾侵扰。虽然目前蝗灾暂未发展为全球性灾害，但未来的风险因素可能导致灾情恶化，引发局部粮食危机。考虑目前大部分受到蝗灾侵袭的国家也是全球主要粮食生产国与出口国（巴基斯坦是小麦主产国，印度是第一稻谷出口国），疫情和灾情的叠加给这些国家的粮食安全带来了极大的不确定性[46]。

6.2.2 新冠肺炎疫情下中国的粮食供应情况

1. 主粮供给有保障

根据国家统计局2016—2020年关于粮食产量数据的公告，中国粮食产量已经连续5年保持在6.1亿吨以上，从整体来看，粮食生产保持稳定，供需总量平衡，粮食进口量占比很低。受新冠肺炎疫情影响，中国部分产品的出口可能会遭到限制，但正好弥补国内消费者对别国产品的需求缺口。此外，2020年的夏粮种植面积为2617万公顷且长势良好，有能力保障全国的粮食供给[47]。

2. 部分粮食价格存在一定的波动

新冠肺炎疫情发生以来，中国国内主粮市场总体平稳。虽然在疫情较严重期间，部分"菜篮子"产品的产销衔接受到阻碍，加之恐慌囤粮心态的激增，导致部分粮食价格有所上涨，但随着交通和物流的逐步恢复、企业复工复产的比例增加，主粮市场价格已基本恢复正常[48]。国家粮食交易中心数据显示，截至2020年10月，中国小麦、大米价格总体趋于平稳。但受疫情等多重因素的影响，国内大豆和玉米价格出现明显涨幅。

3. 大豆进口或受到一定的影响

中国大豆严重依赖进口，主要用于饲料及食品加工等。中国每年的大豆需求量在1亿吨以上，其中80%以上需要通过进口来满足[49]，2019年，中国大豆产量1810万吨，与2018年相比增加了215万吨，增幅为11.9%，但是，中国大豆市场供给仍然以进口为主，且短期内难以发生改变[50]，2019年中国大豆进口量仍高达8851万吨[43]。虽然目前大豆主产国还未限制出口，但大量进口的实际市场需求，在新冠肺炎疫情暴发的背景下，可能面临一定的供应风险。

4. 玉米供需或出现一定的缺口

近年来，中国玉米进口一直维持在较高水平。国内外玉米价格倒

第 6 章 新冠肺炎疫情下全球粮食保障应对策略分析

挂,导致中国的玉米进口量逐渐增加,"国货入市、洋货入库"等是中国玉米市场面临的主要问题[51]。2019 年,中国玉米进口量为 700 万吨,与 2018 年相比增加了 252 万吨,增幅为 56.1%。截至 2020 年 10 月,中国玉米进口量累计 782 万吨,已超过 720 万吨的进口关税配额。随着玉米库存的消化、养殖业饲料需求的增加及相关反倾销政策的实施,玉米供需可能出现一定的缺口。

6.3 新冠肺炎疫情下各国的粮食保障举措

当前全球暴发的新冠肺炎疫情导致全球经济增速减缓、人均收入下降和失业人群增加等诸多不利影响。多个国家都采取了有力举措来保证本国粮食安全和人民温饱,以避免恐慌造成的进一步恶性反应。本节政策信息来源于 FAO 在线分析工具粮食及农业政策决策分析 FAPDA 和欧盟官方网站,具体措施和相关国家政策如下。

6.3.1 增加财政和政策支持,保障粮食生产充足

欧盟增加了对农民和农村地区的资金支持,包括农民以非常低的利率获得 20 万欧元的贷款,给农民的预付款从 50% 增加到 70%,给农村发展的预付款从 75% 增加到 85%,保证农民从每个农场最多获得 10 万欧元的援助等[52]。意大利在 2020 年 3 月 17 日通过的第 18 号法令中声明将增加农业领域的预算支出,设立 1 亿欧元基金以支持 2020 年的农业和渔业发展,此外,该国季节性农业移民占 27% 左右,为保证农村工人的供应,意大利政府已将居住证扩展至已经居住在意大利的非欧盟公民,以使缺乏居留许可的外国劳工合法化。中国则通过公共银行获得信贷/财务支持,农业农村部与中国农业银行签署金融服务乡村振兴战略合作协议,共支持农产品稳产保供重点企业 349 家,贷款余额 414 亿元[53]。

6.3.2 增加库存和物流通道，保证粮食供应正常

印度食品公司确保封闭期在全国范围内持续供应小麦和稻米，2020年新冠肺炎疫情暴发之初，印度食品公司拥有5640万吨谷物库存（3054万吨稻米和2586万吨小麦），其库存不仅可以满足5千克/人·月的粮食要求，而且还可以满足未来3个月81.35千万人口的5千克/人的粮食供应[54]。越南根据2020年国家储备目标，分配财政部购买19万吨脱壳稻米、9万吨未脱壳稻米用于储存，从而满足应急情况的需求[55]。肯尼亚和菲律宾各自批准进口36万吨玉米和30万吨稻米，以增加库存，确保在新冠肺炎疫情期间拥有充足的市场供应量[56]。欧盟创建了绿色通道来确保单一商品市场的正常运转，绿色通道在指定的边界过境点进行不超过15分钟的过境检查[52]。中国大力改善粮食和农业投入物运输链衔接，包括快速温度检查，"一站式、三不间断"，紧急运输绿色通道等。

6.3.3 通过限制出口和降低进口关税等措施确保粮食市场的稳定

吉尔吉斯斯坦、阿尔及利亚暂时禁止出口某些类型的食品，包括小麦、小麦粉、植物油、糖、鸡蛋、大米、豆类等[57]。俄罗斯、乌克兰、越南和哈萨克斯坦则对粮食出口设置了限额，新加坡在2020年4—6月禁止出口超过700万吨的粮食作物，乌克兰在2019—2020销售年度结束之前对小麦的出口限制为2020万吨，哈萨克斯坦建立了每月20万吨的小麦谷物和7万吨的小麦粉出口配额。南非于2020年3月19日宣布对玉米粉、大米和面粉等一系列食品实行价格管制，于3月27日宣布对包括食品在内的进口必需品免征增值税。毛里塔尼亚于2020年3月25日宣布，在2020年度剩余时间内不再对小麦、油类、奶粉、蔬菜和水果征收进口关税。萨

尔瓦多于 2020 年 3 月 20 日暂停对白玉米、红豆和大米征收进口关税，直至疫情结束，2020 年 3 月 22 日，又开始对玉米、大米和豆类等基本产品实行最高价格的管制[56]。

6.4 新冠肺炎疫情背景下的中国粮食安全保障策略与建议

2020 年 4 月 17 日，中共中央政治局会议分析了国内外新冠肺炎疫情的防控形势，此次会议强调了确保粮食能源安全和产业链、供应链稳定的重点任务[58]。2021 年 2 月 21 日，中央一号文件《中共中央 国务院关于全面推进乡村振兴加快农业农村现代化的意见》指出，要加快推进农业现代化，提升粮食和重要农产品供给保障能力[59]。从整体来看，中国粮食供给总体基本平衡，但也存在着少部分农产品或食品价格小幅波动，部分地区粮食生产供应趋于紧张等问题。为进一步做好疫情期间粮食安全工作，确保牢牢守住中国粮食安全红线，应着重从稳定粮食生产、稳定粮食价格、稳定社会预期三个方面全面发力。

6.4.1 破解供应瓶颈，稳定粮食生产

1. 有效保障农业耕种增产

为了做好春耕生产，各地区应根据不同情况采取贴息贷款等政策，以减少生产成本、降低生产风险、增强抗灾能力；要加强对耕地保护的补偿激励措施[60]，落实各项扶持政策，稳定种粮农民补贴，提高农民种粮积极性，着力提高粮食生产效益；部分地区存在疫情防控带来的农资运输受阻、价格上涨等问题，要及时疏通农资供应渠道，确保生产顺利进行。

2. 加快推进科研攻关

实施"藏粮于地、藏粮于技"战略，增强粮食生产能力，开展绿

色增产模式攻关，推广优良品种和标准化高产、高效绿色技术模式；加快实施农业生物育种重大科技项目，深入实施农作物育种联合攻关；通过"大豆振兴计划"的实施，着力提高大豆等进口依赖型作物的单产水平，逐步缓解大豆的供需平衡问题。

3. 减少粮食供应损耗

开展粮食节约行动，严格控制生产、加工和流通等各关键环节的粮食损耗；要立足国内资源，解决当前粮食供给的主要矛盾，着力保证好主粮的需求和供给，如适当减少工业用粮需求（酿酒等）和促进粮食加工副产物的综合利用等。

4. 破解大豆进口依赖

目前国内大豆单产水平较低，且需求量较大，进口依赖度达85%以上，来源国主要为美国和巴西。为积极预防疫情给粮食进出口带来的不确定影响，需积极寻求大豆替代产品和大豆进口替代国，以保持国内粮食供应平衡。

5. 缓解玉米供需紧平衡

目前国内临储玉米剩余量较少，进口玉米需求量增加，玉米供需基本进入紧平衡状态。为预防玉米供需存在的不确定性，应多措并举、有序推进玉米主产区的相关农业生产；并积极寻求饲料用玉米替代品，如小麦、高粱、大麦和可溶固形物的干酒糟等；减少工业用途玉米的消费量，如制作燃料乙醇和淀粉等。

6.4.2 加强调控力度，稳定粮食价格

1. 强化粮食市场监测预警

密切关注市场供需变化和价格异常波动，做好供给侧及时补货和需求侧市场调控，保持粮食价格运行在合理区间；构建农业市场信息系统，用于监测世界粮食供应和价格变化，以及粮食和农业政策决策

分析平台，以保障全球粮食市场的有序运转。

2. 完善粮食供给应急保障

构建支撑保障体系，保证充足的原粮储备，在人口集中城市和价格易波动地区建立成品粮应急储备，以及建设应急的供应网点、配送中心和储运企业[61]；制订粮食供应应急变化预案，建立应急运输对接机制，维持粮食市场的价格秩序；建立粮食安全责任制，强化统筹调度与主体责任，切实做到守土尽责。

3. 加快粮食供应产业链运转

要创新粮食生产经营模式，优化生产技术措施，畅通粮食加工、运输、配送等供应链和物流链的有效对接；着力打造新业态，缩短粮食供应链，如电子商务可以增强地方抵御力，加强生产者和消费者之间的直接联系；逐步推进粮食加工企业复工复产，突出解决企业物流运输、用工不足、港口通关等问题，减少或避免因环节成本导致的粮食价格上涨。

4. 缓解大豆、玉米等价格上涨

积极推进大豆和玉米主产区粮食上市交易；有序保障政策粮出库率，加大推进临储拍卖、推进粮食保险试点、调整及完善粮食收购价格、叠加政策粮定点定量投放力度；严厉打击主产区贸易商抢购囤粮、惜售赌市等行为，以及投机资本肆意炒作引发粮食恐慌等行为；积极寻求大豆和玉米替代品，丰富市场供应多元化，如国内小麦替代已经启动；有效拓展进口渠道和进口来源，加大进口力度，以此缓解大豆和玉米价格上涨幅度。

6.4.3 有效引导市场，稳定社会预期

1. 引导正确消费观念

目前国内地方和部门产销对接有序，各地粮食货源充足，粮食生产加工企业复工向好，政府应加强正向引导、减少民众恐慌囤粮；引

导正确消费观念和节约环保的消费理念,呼吁促进绿色消费,减少日常生活中的粮食浪费问题。

2. 维护正常市场秩序

加强对粮食市场和经营者的监管,严厉打击各种违法收购、囤积居奇、欺行霸市等行为[62];强化市场监管,督促相关企业依法规范经营;同时对发布虚假信息和制造恐慌气氛的行为进行制止和处罚,以维护市场正常秩序。

3. 保持国际贸易和市场开放

疫情期间,任何禁止或限制粮食出口的做法只会加剧恐慌。如果更多的国家实施粮食禁运,中国即将面临的国际粮食贸易环境也将变得更加严峻复杂。因此,无论是从维护全球粮食安全的角度,还是从保障中国贸易利益的角度,都需要积极推动全球粮食供应链和物流链的稳定运行。

6.5 小结

新冠肺炎疫情给全球粮食保障带来了前所未有的挑战。但从整体来看,全球粮食供给充裕、储备库存充足、市场流通总体向稳,具有较强的抗冲击能力,同时多个国家都采取了增加财政和政策支持、加大粮食库存、建立绿色通道、限制粮食出口、减免进口关税、进行价格管制等有力举措来保证本国粮食安全。针对这种国际形势,建议中国通过破解供应瓶颈来稳定粮食生产,通过加强调控力度来稳定粮食价格,通过有效引导市场来稳定社会预期。本书以此为做好新冠肺炎疫情期间中国的粮食安全工作、确保粮食安全红线提供参考。

参 考 文 献

[1] 朱英国. 浅谈水稻事业与国家粮食安全 [J]. 中国乡镇企业, 2011(7): 41-43.

[2] 国家统计局. 国家统计局关于 2020 年粮食产量数据的公告 [EB/OL]. [2021-01-20]. http://www.stats.gov.cn/tjsj/zxfb/202012/t20201210_1808377.html.

[3] 于红燕, 刘世义. 我国水稻产业发展现状、趋势及对策 [J]. 农村经济与科技, 2016, 27(9): 7-9.

[4] 吴比, 胡伟, 邢永忠. 中国水稻遗传育种历程与展望 [J]. 遗传, 2018, 40(10): 841-857.

[5] 马永强. 我国水稻遗传育种历程与展望 [J]. 种子科技, 2019, 37(8): 5.

[6] 杨玉婷. 日本稻米科技研究发展 [J]. 农业生技产业季刊, 2014(39): 26-34.

[7] 中华人民共和国科学技术部. 印度培育出低血糖生成指数的水稻改良品种 [EB/OL]. [2021-01-21]. http://www.most.gov.cn/gnwkjdt/201801/t20180102_137305.htm.

[8] YU H H, XIE W B, LI J, et al. A whole-genome SNP array (RICE6K) for genomic breeding in rice[J]. Plant Biotechnology Journal, 2014, 12(1): 28-37.

[9] WATSON A, GHOSH S, WILLIAMS M J, et al. Speed breeding is a powerful tool to accelerate crop research and breeding[J]. Nature Plants, 2018, 4(1): 23-29.

[10] TU J M, ZHANG G A, DATTA K, et al. Field performance of transgenic elite commercial hybrid rice expressing Bacillus thuringiensis δ-endotoxin[J]. Nature Biotechnology, 2000, 18(10): 1101-1104.

[11] 温莉娴, 周菲, 邹玉兰. 抗除草剂转基因水稻的研究进展 [J]. 植物保护学报, 2018, 45(5): 954-960.

[12] RAN F A, HSU P D, WRIGHT J, et al. Genome engineering using the CRISPR-Cas9 system[J]. Nature Protocols, 2013, 8(11): 2281.

[13] ZHU Z, VERMA N, GONZáLEZ F, et al. A CRISPR/Cas-Mediated Selection-free Knockin Strategy in Human Embryonic Stem Cells[J]. Stem Cell Reports, 2015, 4(6): 1103-1111.

[14] LI J, MENG X, ZONG Y, et al. Gene replacements and insertions in rice by intron targeting using CRISPR-Cas9[J]. Nature Plants, 2016, 2(10): 16139.

[15] HSU P D, LANDER E S, ZHANG F. Development and Applications of CRISPR-Cas9 for Genome Engineering[J]. Cell, 2014, 157(6): 1262-1278.

[16] MIKI D, ZHANG W X, ZENG W J, et al. CRISPR/Cas9-mediated gene targeting in Arabidopsis using sequential transformation[J]. Nature Communications, 2018, 9(1): 1967.

[17] 周正平，占小登，沈希宏，等. 我国水稻育种发展现状、展望及对策[J]. 中国稻米, 2019, 25(5): 1-4.

[18] 石学彬，刘康. 我国农作物品种审定制度变革与现代种业发展刍议[J]. 农业科技管理, 2018, 37(3): 62-65.

[19] 吕凤，杨帆，范滔，等. 1977—2018 年水稻品种审定数据分析[J]. 中国种业, 2019(2): 29-40.

[20] 高荣村，陆金根，李金军. 高柱头外露率、优质粳稻不育系嘉 66A 的选育及应用[J]. 中国稻米, 2016, 22(3): 100-101.

[21] 王哉，高荣村，张健康，等. 籼粳杂交稻嘉优中科 3 号的父母本特性及制种技术[J]. 浙江农业科学, 2017, 58(9): 1505-1506.

[22] 林建荣，宋昕蔚，吴明国，等. 籼粳超级杂交稻育种技术创新与品种培育[J]. 中国农业科学, 2016, 49(2): 207-218.

[23] 杨振玉，李志彬，东丽，等. 中国杂交粳稻发展与展望[J]. 科学通报, 2016, 61(35): 3770-3777.

[24] 隋国民. 杂交粳稻研究进展与发展策略[J]. 辽宁农业科学, 2018(1): 51-55.

[25] 黎裕，王建康，邱丽娟，等. 中国作物分子育种现状与发展前景[J]. 作物学报, 2010, 36(9): 1425-1430.

[26] 柳武革，王丰，肖汉祥，等. 利用分子标记辅助选择改良水稻恢复系的稻瘿蚊抗性[J]. 中国水稻科学, 2010, 24(6): 581-586.

[27] 牛凯萌，徐俊波，钟亮，等. 利用分子标记辅助选择改良浙恢 7954 的稻米品质[J]. 浙江农业学报, 2017, 29(8): 1221-1227.

[28] 邓兴旺，王海洋，唐晓艳，等. 杂交水稻育种将迎来新时代[J]. 中国科学：生命科学, 2013, 43(10): 864-868.

[29] ZENG D L, TIAN Z X, RAO Y C, et al. Rational design of high-yield and superior-quality rice[J]. Nature Plants, 2017, 3(4): 17031.

[30] LI M, LI X, ZHOU Z, et al. Reassessment of the Four Yield-related Genes Gn1a, DEP1, GS3, and IPA1 in Rice Using a CRISPR/Cas9 System[J]. Frontiers in Plant Science, 2016, 7: 377.

[31] MA X L, ZHANG Q Y, ZHU Q L, et al. A Robust CRISPR/Cas9 System for Convenient, High-Efficiency Multiplex Genome Editing in Monocot and Dicot Plants[J]. Molecular Plant, 2015, 8(8): 1274-1284.

[32] WANG F, WANG C, LIU P, et al. Enhanced Rice Blast Resistance by CRISPR/Cas9-Targeted Mutagenesis of the ERF Transcription Factor Gene OsERF922[J]. PLoS One, 2016, 11(4): e0154027.

[33] SHIMATANI Z, KASHOJIYA S, TAKAYAMA M, et al. Targeted base editing in rice and tomato using a CRISPR-Cas9 cytidine deaminase fusion[J]. Nature Biotechnology, 2017, 35(5): 441-443.

[34] QL A, DZA B, MC A, et al. Development of japonica Photo-Sensitive Genic Male Sterile Rice Lines by Editing Carbon Starved Anther Using CRISPR/Cas9[J]. Journal of Genetics and Genomics, 2016, 43(6): 415-419.

[35] ZHOU H, HE M, LI J, et al. Development of Commercial Thermo-sensitive Genic Male Sterile Rice Accelerates Hybrid Rice Breeding Using the CRISPR/Cas9-mediated TMS5 Editing System[J]. Scientific Reports, 2016, 6: 37395.

[36] WANG C, LIU Q, SHEN Y, et al. Clonal seeds from hybrid rice by simultaneous genome engineering of meiosis and fertilization genes[J]. Nature Biotechnology, 2019, 37(3): 283-286.

[37] KHANDAY I, SKINNER D, YANG B, et al. A male-expressed rice embryogenic trigger redirected for asexual propagation through seeds[J]. Nature, 2019, 565(7737): 91-95.

[38] 宋莉莉, 张琳, 杨艳涛, 等. 新型冠状病毒肺炎疫情对我国粮食产业的影响分析[J]. 中国农业科技导报, 2020, 22(6): 12-16.

[39] 张正河. 习近平关于粮食安全的重要论述解析[EB/OL]. [2020-05-10]. http://www.ccpph.com.cn/ywrd/xxyyj/index_mkslnzy_10119/201911/t20191125_266773.htm.

[40] FAO. 2020 Food Outlook - Biannual Report on Global Food Markets[R]. Rome, 2020.

[41] 联合国粮食及农业组织.《2019世界粮食及农业状况》发布[J]. 世界农业, 2019(11): 118-119.

[42] 新华网. 粮食供给短缺？多虑了[EB/OL]. [2020-05-11]. http://www.xinhuanet.com/fortune/2020-04/04/c_1125813049.htm.

[43] 国家统计局. 中华人民共和国2019年国民经济和社会发展统计公报[EB/OL]. [2020-05-11]. http://www.stats.gov.cn/tjsj/zxfb/202002/t20200228_1728913.html.

[44] 中华人民共和国中央人民政府. 粮食会短缺吗？粮价会上涨吗？权威回应来了！[EB/OL]. [2020-05-11]. http://www.gov.cn/xinwen/2020-04/04/content_5499149.htm.

[45] 方言. 携手维护全球粮食安全[EB/OL]. [2020-05-11]. http://www.xinhuanet.com/food/2020-04/09/c_1125830804.htm.

[46] 新浪财经. 中债研究 | 新冠疫情与沙漠蝗灾对国际粮食安全的潜在影响分析[EB/OL]. [2020-05-11]. https://finance.sina.com.cn/money/bond/market/2020-04-17/doc-iircuyvh8376682.shtml.

[47] 刘少华. 中国粮食 中国饭碗[N]. 人民日报海外版, 2020-04-22(5).

[48] 光明科技. 全球疫情对我国主要农产品生产供给影响有限[EB/OL]. [2020-05-11]. https://tech.gmw.cn/2020-04/20/content_33755136.htm?s=mlt.

[49] 中华人民共和国中央人民政府. 国内粮食市场供给充裕[EB/OL]. [2020-05-15]. http://www.gov.cn/xinwen/2019-10/14/content_5439180.htm.

[50] 国家统计局. 解读：2019年全国粮食产量再创新高[EB/OL]. [2020-05-11]. http://www.stats.gov.cn/tjsj/zxfb/201912/t20191206_1716156.html.

[51] 新浪财经. 玉米进口突破历史高位[EB/OL]. [2020-12-03]. https://finance.sina.com.cn/money/future/roll/2020-11-25/doc-iizncktke3163041.shtml.

[52] Commission European. Supporting the agriculture and food sectors amid Coronavirus[EB/OL]. [2020-05-15]. https://ec.europa.eu/info/food-farming-fisheries/farming/coronavirus-response_en#measures.

[53] 中华人民共和国中央人民政府. 农业农村部与中国农业银行签署战略合作协议共同推进金融服务乡村振兴[EB/OL]. [2020-05-15]. http://www.gov.cn/xinwen/2020-03/26/content_5496010.htm.

[54] Ministry of Consumer Affairs Food & Public Distribution. FCI ensures uninterrupted food grain supplies across the country during the lockdown due to

COVID-19 outbreak[EB/OL]. [2020-05-15]. https://pib.gov.in/PressReleseDetail.aspx?PRID=1607942.

[55] Government of Viet Nam. Gov't chief asks for ensuring food security for 100 million Vietnamese[EB/OL]. [2020-05-11]. http://news.chinhphu.vn/Home/Govt-chief-asks-for-ensuring-food-security-for-100-million-Vietnamese/20204/39488.vgp.

[56] 联合国粮食及农业组织. 各国出台政策措施, 以应对2019冠状病毒病（COVID-19）对粮食市场的冲击 [EB/OL]. [2020-05-11]. http://www.fao.org/giews/food-prices/food-policies/detail/zh/c/1271781/.

[57] Government of Kyrgyzstan. A temporary ban on the export of certain types of goods from Kyrgyzstan has been introduced[EB/OL]. [2020-5-15]. https://www.gov.kg/ru/post/s/kyrgyzstandan-ayrym-tovarlardyn-trlrn-tashyp-chyguuga-ubaktyluu-chekt-kirgizildi.

[58] 中华人民共和国中央人民政府. 习近平主持中央政治局会议 分析国内外新冠肺炎疫情防控形势 [EB/OL]. [2020-05-15]. http://www.gov.cn/xinwen/2020-04/17/content_5503621.htm.

[59] 中华人民共和国中央人民政府. 中共中央、国务院关于全面推进乡村振兴加快农业农村现代化的意见 [EB/OL]. [2021-04-09]. http://www.gov.cn/zhengce/2021-02/21/content_5588098.htm.

[60] 乔金亮. 米面油货足价稳 跟风抢购不可取 [N]. 经济日报，2020-04-26(4).

[61] 刘强. 稳住粮食"压舱石"有基础有条件有信心 [N]. 农民日报，2020-04-05(2).

[62] 高勇. 粮食问题与恩施州社会经济发展 [J]. 清江论坛，2008(3): 71-75.